爆破地震波信号分析
理论与技术

龙　源　钟明寿　谢全民　谢兴博　编著

科学出版社

北　京

内 容 简 介

本书基于大量丰富的爆破地震波实测数据,采用全新的数学分析方法,阐述爆破地震波信号分析理论、数字信号处理技术及算法应用实例,对爆破地震效应进行深入而系统的研究,旨在进一步揭示爆破地震波在岩石介质中的传播规律,寻求更为合理的爆破地震波控制与利用方法,以期进一步完善爆破地震效应研究在理论、实验及数值计算方面的相关内容,加深对爆破地震波传播特性的认识,为工程爆破、油气资源勘探的优化设计提供理论与实验参考依据。

本书既适合科研人员参考,也可作为高等院校相关专业本科生、研究生的参考教材。

图书在版编目(CIP)数据

爆破地震波信号分析理论与技术 / 龙源等编著. —北京:科学出版社,2022.3

ISBN 978-7-03-070444-3

Ⅰ. ①爆⋯ Ⅱ. ①龙⋯ Ⅲ. ①爆震波—信号分析 Ⅳ. ①O382

中国版本图书馆 CIP 数据核字(2021)第 222764 号

责任编辑:惠 雪 霍明亮 曾佳佳 / 责任校对:杨聪敏
责任印制:张 伟 / 封面设计:许 瑞

科 学 出 版 社 出版

北京东黄城根北街 16 号
邮政编码:100717
http://www.sciencep.com

北京九州迅驰传媒文化有限公司 印刷
科学出版社发行 各地新华书店经销

*

2022 年 3 月第 一 版 开本:720 × 1000 1/16
2022 年 3 月第一次印刷 印张:12 1/2
字数:250 000

定价:99.00 元
(如有印装质量问题,我社负责调换)

《爆破地震波信号分析理论与技术》
编著者名单

龙　源　　钟明寿　　谢全民　　谢兴博
娄建武　　晏俊伟　　周春华　　李兴华
周　辉　　杨贵丽

前　言

工程爆破作为一种特殊的技术和施工手段，在国民经济的基础建设中发挥了重要作用。从能源、交通、采矿、水利等领域的建设到工厂设施的技术改造、市政建设等，都离不开爆破施工技术。近年来，随着科学技术的发展及现代信息技术、电子技术和材料技术在工程爆破中的研究与应用，国内工程爆破技术的研究和实践都产生了质的飞跃。但是，由于对炸药爆炸能量的释放仍然难以实现精确控制，工程爆破在实现工程目的的同时，仍然有一部分爆炸能量要以爆炸危害的形式对周围环境产生影响。因此，爆破安全一直是工程爆破领域关注的重要问题。其中，对爆破地震波在固体介质中传播和控制的研究更是相关研究人员重点关注的研究方向。

爆破地震波研究的复杂性在于研究对象信号的随机性。爆破地震波作为各种频率成分振动波的混合体，其波形表现得较为混乱和复杂，如信号峰值幅度、振动衰减性等都在一定程度上表现出无规则的随意性，即表现为一种无序杂乱的关系。加上岩石或土壤等传播介质的性质和地质构造、结构的多样性，使得研究难度更大。爆破地震波传统研究手段和方法存在一定的局限性，使得爆破地震波传播机理和安全控制技术方面的研究难以取得根本性突破。

中国人民解放军陆军工程大学龙源、钟明寿、谢兴博等、江汉大学省部共建精细爆破国家重点实验室谢全民等作者团队近年来在爆破地震波信号分析方法领域开展了大量卓有成效的研究工作。根据测试信号特征分析的基本过程，本书系统阐述爆破地震波测试信号的预处理方法，以及在时频特征分析中的小波、小波包、提升小波包、分形、多重分形、匹配追踪、二次型时频分布的基本理论及分析方法。

相关内容研究和本书出版过程中得到了国家自然科学基金项目（51808554、12072372）、湖北省重点研发计划项目（2020BCA084，2021BAD004）、湖北省自然科学基金项目（2020CFA043）的支持，在此表示感谢！

由于作者水平有限，书中难免有不足之处，欢迎广大读者批评指正。

作　者

2022 年 3 月

目　　录

第1章 绪 论

1.1 爆破地震波信号分析目的

岩土介质中的炸药爆炸后，其一部分能量转化为地震波，从爆源以波的形式通过岩土介质向外传播，在传播过程中引起介质振动，传至地表则导致地面振动。这种地震波的强度虽然随着距离的增加而削弱，但仍可能造成附近非爆破对象如坝体、边坡及大型混凝土浇筑体等建（构）筑物不同程度的破坏，形成了具有一定危害程度的爆破地震效应问题。

当岩土内炸药爆炸时，引起的瞬时压力可高达数千到数万兆帕，这种巨大的压力瞬间冲击作用于炮孔壁上，激起了波阵面压力很高的脉冲应力波，这种爆炸应力波称为冲击波，其作用范围一般为 3~7 倍药包半径。随着冲击波向前传播做功，冲击波衰减为压缩波。压缩波作用范围通常为 125~150 倍药包半径。压缩波在传播过程中能量进一步衰减，在 150 倍药包半径以外区域，压缩波转化为地震波。

近年来爆破地震波的研究手段主要以实验测试为主，考察对象主要为爆破地震波沿地表的传播特征，特别是在工程爆破领域，研究地表的振动情况，可为有效、合理的爆破设计提供一定的理论依据。相比之下，装药近地表爆炸以后，进行地震波向地下深处传播的实验测试十分困难，且与结构破坏的联系并不十分密切，因此，这方面研究的积累和成果报道非常有限。由于自由面的存在，加上传播介质的多样性，爆破地震波在地层表面与地层深处的规律存在着差异，而且这种规律性的研究具有很大难度，不易观测。而爆源产生的爆破地震波沿地表传播和向岩体内部传播是密切相关的，目前有关它们之间相关性及其规律性的研究鲜有报道，然而这些不仅在工程爆破，在军事工程中都是具有现实意义的研究内容。

由于爆破地震波传播机理的复杂性，爆破地震波传播过程涉及了大量的爆炸与冲击等非线性瞬态动力学问题，目前尚不能从理论上对爆炸荷载作用下特定介质动力响应规律进行精确求解。

当前，爆破地震效应的研究主要集中在爆破引起的地面运动变化规律，以及其振动强度对建筑物的影响上。这些问题的研究都必须对爆破振动信号进行测量、分析和处理，爆破振动信号的研究是爆破地震效应机理与实验研究的关键内容之一。

爆破引起的地面振动是一种非平稳随机振动，现场测量的爆破振动信号为各种频率成分干扰波的混合体，为非平稳信号。爆破地震波的振动持续时间、主振频率及振动峰值是分析爆破地震效应的主要参考量。而经过复杂场地介质滤波、放大作用后的爆破地震波中一般携带有能反映场地特征和爆破特征的重要信息，如岩体断层、地质声学特性、爆源药量和爆破延时间隔等，这通常体现在爆破地震波振动强度的衰减、频率和信号局部奇异性上。因而对爆破地震波的细节分析可以获得能反映地质特征及用于指导工程爆破设计的重要参考信息。

爆破地震波研究的复杂性在于研究对象信号的随机性。爆破地震波作为各种频率成分振动波的混合体，其波形表现得较为混乱和复杂，如信号峰值幅度、振动衰减性等都在一定程度上表现出无规则的随意性。各种岩石或土壤等传播介质的性质和地质构造的多样性，使得对其的研究难度更大。另外，爆破地震波研究手段和方法的局限性使得国内外工程爆破界在爆破地震波传播机理和控制及强度预报方面的研究不易取得根本性突破。

当前，对短时非平稳信号的分析处理是相关领域的共同课题。小波分析正是在这一背景下出现的新理论。小波变换较好地解决了信号分析中时间与分辨率之间的矛盾，灵活地运用了非均匀分布的分辨率。利用小波变换中的时窗可变特点，以及其对信号的小波分解在时域分析中能体现信号频率变化的直观性，可以来研究、识别和探测出爆破地震波中的突变奇异点位置，获取爆破地震波中携带的细节信息，从而为断层、不同特性的介质层分布等场地特征研究提供数据分析基础。采用小波变换的多分辨分析技术，通过对爆破地震波的细节量进行分析，可以了解药量、延时间隔、装药结构等爆破参数对爆破地震效应的影响，对爆破地震波的传播规律、影响因素及破坏效能等方面的理论研究都具有重要意义，为爆破地震波传播和其对结构物的振动作用研究提供了方便，有利于加深对爆破地震效应机理问题的研究。因而，小波变换对于爆破地震非平稳信号研究是一种有效的分析工具。

爆破地震波的波形虽然表现得较为混乱和复杂，如信号峰值幅度、振动衰减性等在一定程度上表现出无规则的随意性，即体现为一种无序关系，但在确定的爆破参数设计及特有的场地介质条件下，重复进行的爆破作用所获得的振动曲线波形参数（如频率、波形峰值、衰减性及主振峰值个数等）是基本相近的。因而爆破地震波的这种无序性具有某种意义下的统计特征，其波形曲线以某种关系体现出彼此相似或局部与整体相似，爆破地震波的这种局部与整体相似性，以及受爆破地震波与场地介质影响的爆破振动参数所表现的随机、复杂现象所体现出的统计特征，表明了它具有一定的分形特性。爆破作用具有相似性、随机性和不规则性，可以用分形几何描述。分形盒维数是振动信号在无标度区内分形曲线的统计特征值，因而作为爆破地震波分形信息的盒维数将包含信号峰值、波形振荡特性（信号频率特征）及波形曲线的衰减等方面的信息。通过对爆破地震波分形盒维数的分析研究，可以进一步掌握爆破参数及场地介质对爆破地震波各参数的影响关系，为优化爆破设计与降震减灾提供依据。

1.2 爆破地震波分析方法现状

1.2.1 爆破地震波的传播与控制研究

1. 爆破地震波的传播规律研究

20 世纪初，随着对爆破地震危害效应的广泛关注，各国研究者针对爆破地震波在岩石介质中的传播理论开展了研究工作，尤其是从 20 世纪 50 年代起，随着地下核试验的开展和核防护工程的修建及工业爆破中炸药量使用的增加，张雪亮和黄树棠[1]、杨年华[2]、丁桦和郑哲敏[3]、宋光明[4]进行了一系列爆破地震波传播规律的理论计算和实验研究。

爆破地震效应与爆破参数及地质条件密切相关，与天然地震相比，其在已知爆源（药量、装药形式和深度、分段延时间隔等）及在对场地特征（场地介质物理力学性能和地层地质结构）有一定了解的基础上，对爆破振动信号进行测试和分析。因而，研究者通过对爆破振动信号的研究，获得震源函数，并以此反推震源激励信号在场地的传播规律。

钟放庆等[5]利用广义反射、透射系数矩阵和离散波数方法，计算了水平分层花岗岩介质中近场（十几公里）范围内三次地下爆炸的地表粒子速度垂直分量，并得出了其激发的地震波震源函数；通过对计算波形和实测波形的比较分析，得知花岗岩石中爆炸产生的真实震源机制除了球对称，还可能包含椭球体、层裂等其他的辅助震源机制。韩子荣和张汉才[6]采用双源理论，李守巨[7]、杨仁华和李茂生[8]采用球形空腔等效膨胀理论，对岩石介质中的球形集团装药爆炸应力波传播规律进行了理论分析，研究了等效单位脉冲荷载简化情况下爆炸应力波传播过程。

在工程爆破中普遍采用条形装药的深孔爆破技术，其具有爆炸能量分布均匀的特点，在一次装药规模大且爆破方量大的情况下，可以达到爆破地震效应小、抛掷远的效果。杨年华和冯叔瑜[9]、陈士海等[10]对条形药包的爆炸应力场分布、空腔发展及鼓包运动均进行了大量的研究工作。

在大规模的土石方爆破中，一次爆破台阶作业高度通常可达二十余米，因而为了模拟实际中的沿条形装药长度方向上爆轰波的传播效应，一般采用基于等效单元球药包的叠加计算方法，该方法将深孔装药柱看成一系列具有等效半径的单元球形药包的叠加，然后利用单元球形药包爆炸在岩石中激发的应力波参数来获得整个条形药柱爆炸后在岩石中形成的应力波场分布情况。该方法能模拟爆轰波在炸药柱中的传播，且回避了岩石介质在冲击荷载下的复杂本构关系。

由于岩土介质中的爆炸作用符合相似律，这就为实验研究提供了很大的方便，郭学彬等[11]、张继春[12]、Kennett[13]、Ziolkowski 和 Bokhorst[14]、Newland[15, 16]采用模型实验，在各种场地介质中就岩土介质中的爆破地震波传播和爆破地震效应等方面均进行了广泛的研究。研究主要集中在爆破地震波振动强度的衰减规律、爆破振动信号的频谱特征及对爆破振动信号的模拟方面。张丹等[17]根据黏性岩石中爆破地震的波动能流衰减规律，探讨了药包群同时起爆产生的地震场中波动能流主导方向及其在同方向上振动峰值与爆心距的关系，获得了药包群同时起爆地震场中振动峰值分布规律。

2. 爆破振动强度预报

国内外在爆破地震效应方面进行了大量的研究工作，有关这方面的文献资料相当丰富，可以说任何一本与岩土介质爆破有关的专著或刊物都会涉及这方面的内容。张雪亮和黄树棠[1]在爆破地震效应和爆破测试技术上较早地进行了专门研究，有些国家制订了比较完整的爆破振动安全规范，如美国的 USBM（United States Bureau of Mines）标准、德国的 DIN（Deutsches Institut für Normung e.V.）4150 标准及我国的爆破振动安全标准。

目前，爆破领域衡量爆破振动强度的物理量主要为单参数，以爆破引起的质点振动速度、加速度或位移中的某个参量作为参照量，并将这种评价方法称为独立阈值理论。由于实际爆破中地震实验观测数据往往不全面，同时不同部门按各自所采集的爆破地震记录及现场结构的受损情况而建立的建（构）筑物爆破振动安全判据具有较大的差异性，这在各国爆破振动安全评估标准中得到了体现。

在大量爆破地震效应实验研究的基础上，建立了一系列的关于爆破地震波质点峰值振动强度预报的经验公式。但普遍采用的是萨道夫斯基经验公式的演变体：

$$A = k \cdot \left(\frac{Q^m}{R} \right)^{\frac{1}{\alpha}} \qquad (1.1)$$

式中，A 为爆破地震波的质点峰值强度；Q 为最大段药量；R 为测点与爆源距离；m 为药量指数，球形集团装药 $m = 1/3$，条形装药 m 取 0.5；k、α 为与爆破地形、地质有关的系数和衰减指数。

随着理论技术的新发展，也有一些研究人员采用了新的方法对爆破振动强度进行预报，如宋光明等[18]采用小波理论进行预报，徐全军等[19]、邓冰杰等[20]采用人工神经网络等进行预报，但这些方法并没有得到广泛的实际运用。

由于质点峰值速度衰减规律带有显著的场地区域差异，k 和 α 因地而异，并且数据关系的回归分析往往发现数据的离散度较大。用质点峰值振动强度方法预报的最大弱点是不能提供爆破振动信号的频率特征及振动全历程的波形。爆破振动响应是爆破地震波振动及建筑物振动特性的综合反映，因而仅仅研究质点峰值振动强度是不够的，需要进一步研究爆破地震波的全历程过程。同时在实际工程中对爆破地震波形的预报也产生了要求。

卢文波等[21]采用线性叠加模型，娄建武等[22]研究了建立在场地反应谱基础上的爆破地震波模拟等。基于单孔波形的线性叠加理论认为各震源的地震波是彼此独立地依直线方向向四周传播，它不考虑传播介质的影响，从而预报信号的频率完全取决于原基本单孔爆破地震波频率。只有在震源接近于正弦振动、传播介质的非线性影响不显著时，线性叠加理论对波形进行叠加处理才与实测结果基本相符。

吴从师等[23]、Kirkbride 等[24]、Mogi 等[25]、Cohen 等[26]采用反应谱方法进行爆破地震波模拟，该方法是在基于傅里叶分析基础上，用起爆典型单孔装药的方法来标定某一区域的振动特性，通过对典型记录进行频谱分析，进而获得该区域的标准反应谱，然后来考虑各炮孔间不同起爆顺序和延迟时间，来获得合成信号频谱，再对所获得的频谱进行傅里叶逆变换就可以确定群孔起爆的振动模拟场。

随着数字信号分析方法的发展，根据爆破地震波信号短时非平稳特征，以龙源教授团队为代表的科研团队和爆破工程技术人员，近年来先后将小波变换、提升小波变换技术、分形、多重分形理论、匹配追踪算法及二次型时频分析方法引入爆破振动信号分析领域，推动了爆破地震波信号分析方法的快速发展。

1.2.2 爆破地震波传统分析方法

对爆破振动信号的分析处理是爆破地震效应研究的基本环节，因而必须选择合适的仪器和分析技术对爆破地震波进行采集与分析。目前主要采用的方法有以下几种。

1. 傅里叶变换

传统的频谱分析技术——傅里叶变换（Fourier transform，FT）是信号分析的有力工具，FT 比较适合对平稳信号的分析处理，难以获得爆破振动信号中的突变信息，难以准确描述任意小信号时域范围内的频率。

傅里叶变换认为信号在某个时刻 t 的值是频率为 nw 的各个正弦分量的叠加，其变换的基本函数 $\exp(\mathrm{i}\omega t)$ 对时间 t 的作用并不是局部化的，在时域中一个区间的分辨率是不变的。虽然 FT 能较好地刻画信号的频率特性，但几乎不提供信号在时域上的任何信息。信号 $x(t)$ 的 FT 定义为

$$X(f) = \int_{-\infty}^{+\infty} x(t)\mathrm{e}^{-\mathrm{i}ft}\mathrm{d}t \tag{1.2}$$

式（1.2）称为基于 FT 的信号分析，其逆变换为

$$x(t) = \int_{-\infty}^{+\infty} X(f)\mathrm{e}^{\mathrm{i}ft}\mathrm{d}f \tag{1.3}$$

对于确知的信号和平稳随机过程，FT 是信号处理技术的理论基础，有着非凡的意义。但 FT 有它明显的缺陷，那就是无时间局部信息。也就是说，信号 $x(t)$ 任何时刻的微小变化会牵动整个频谱；而反过来，任何有限频段上的信息却都不足以确定在任意时间小范围的函数 $x(t)$。爆破振动测试信号往往是时变信号的非平稳过程，对其局部特性的研究很重要。

2. 短时傅里叶变换

针对 FT 的不足，通过加窗的办法使频谱反映时间局部特性，即短时傅里叶变换（short-time Fourier transform，STFT），也称为加窗傅里叶变换（windowed Fourier transform，WFT）。WFT 定义为

$$\mathrm{WFT}_x(t, f) = \int [x(t')g^*(t'-t)]\mathrm{e}^{-\mathrm{i}ft'}\mathrm{d}t' \tag{1.4}$$

式中，$g^*(t)$ 为分析窗函数。时刻 t 的 WFT 是信号 $x(t')$ 乘以平移滑动的分析窗 $g^*(t'-t)$（中心在 t，上标*表示复共轭）。在相对比较窄的窗作用下，有效地抑制了分析点 $t'=t$ 的邻域以外的信号，因而 WFT 可简单看作信号 $x(t')$ 围绕分析时刻 t 的局部谱。

WFT 可以得到时间-频率平面上的二维函数，它既可以看作在窗函数移动过程中取出的在时间轴上一段信号的 FT，也可以看成中心频率分布的一组窄带滤波器的输出。建立在 FT 理论基础上的 WFT 在一定程度上弥补了 FT 的不足，使所分析的时域信号在一定程度上能够给出具有一定时域意义的谱描述，但它对频率分布的细致规律仍停留在 FT 分析结果的水平。

WFT 在时刻 t 的谱图是由信号 $x(t')$ 通过加窗 $g^*(t'-t)$ 得到的，所有在窗函数里的信号特征都被看作 t 时刻的信号特征。因而应用短的时窗来刻画时刻 t 的信号

特征，获得好的时间分辨率。另外，在频率 f 处的 WFT 可看作信号 $x(t')$ 通过带通滤波器 $G^*(f'-f)$ 得到的，因此好的频率分辨率希望窄带的滤波器，又意味着长的时窗 $g(t)$，可见两者是矛盾的。这样在信号分析中将面临如下一对基本矛盾：时域与频域的局部化矛盾，即我们若想在时域上得到信号足够精确的信息，那么就得损失频域上的信息，反之亦然。

1.2.3 小波（包）变换

在实际问题中，人们通常关心的却是信号在局部范围中的特征，如对地震波的记录，人们关心的是什么位置出现什么样的反射波；图形识别中的边缘检测问题则关心的是信号突变部分的位置，即纹理结构。传统的 FT 只能获得信号在整个过程中的频谱，而难以获得信号的局部特性，对于信号波形变化剧烈的时刻，即在信号的高频段，要求分析系统具有较高的时间分辨率，而在波形变化较为平缓的时刻，要求分析具有较高的频率分辨率。这就需要时频分析法，即时频局部化方法。小波变换（wavelet transform，WT）正具有这样的特征。WT 定义为

$$WT_x(\tau,a) = \frac{1}{\sqrt{|a|}} \int x(t)\psi\left(\frac{t-\tau}{a}\right)dt$$
$$= \langle x(t), h_{\tau,a}(t)\rangle \qquad (1.5)$$

式中，$h_{\tau,a}(t) = \frac{1}{\sqrt{|a|}}\psi\left(\frac{t-\tau}{a}\right)$ 为基本小波或母小波的伸缩与平移；a 为尺度参数；τ 为平移因子。式（1.5）中的参数 a 和 τ 是连续变化的，因而式（1.5）称为连续小波变换（continuous wavelet transform，CWT）。WT 的内积表示了 $x(t)$ 与 $\psi_{\tau,a}(t)$ 的相似程度，因而当尺度参数 a 增加时，表示以伸展的 $\psi_{\tau,a}(t)$ 波形去观察整个 $x(t)$；当尺度参数 a 减小时，即以压缩了的 $\psi_{\tau,a}(t)$ 波形去衡量 $x(t)$ 局部。因此通过对尺度参数 a 的调节可以对分析信号 $x(t)$ 进行粗与细的分析。

设 $\psi(t)$ 的中心频率为 f_0，而 $f = \frac{f_0}{a}$，则式（1.5）的时频表示为

$$CWT_x(\tau,f) = \int x(t)\sqrt{|f/f_0|}\,\psi^*\left[\frac{f}{f_0}(t-\tau)\right]dt \qquad (1.6)$$

根据 WT 理论中有关小波函数的要求，$\psi(t)$ 在频域是以 f_0 为中心频率的函数，且其带宽 Δf 是较窄的。对于 WFT 来说，带通滤波器的带宽 Δf 与中心频率无关；相反，WT 带通滤波器的带宽 Δf 则正比于中心频率 f，即

$$\frac{\Delta f}{f} = C, \quad C\ 为常数 \qquad (1.7)$$

式（1.7）表明 WT 中不同尺度下的小波函数滤波器有一个恒定的相对带宽，称为等 Q 结构。因而 WT 弥补了 WFT 的分辨率与信号不匹配的不足，让 Δf 和 Δt 在时间-频率面上变化，这一特性在小波变换理论中称为多分辨率分析。

WFT 和 WT 的频域划分如图 1.1 所示。

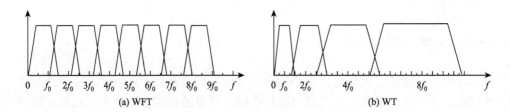

图 1.1　WFT 和 WT 的频域划分

从数学角度看，三种不同的变换都是所研究信号在一组特定的基函数上的分解（或展开）问题。由于基函数不同，因此就有不同的分辨率特性。变换的分辨率特性完全取决于基函数的特征，即基函数的带宽 Δf 和时域支撑区长度 Δt，因此也以 Δf 与 Δt 作为频率分辨率和时间分辨率的度量。FT 在单频轴上进行分解，即 $\Delta f = 0$，频率分辨率高，但基函数在时间轴上无限延伸即 $\Delta t = 0$，而无时间分辨率；WFT 的窗函数一经选定，基函数的包络不再改变，频宽 Δf 和时宽 Δt 也就确定了，故时间分辨率和频率分辨率在整个时-频平面上就固定不变；WT 的基函数是基本小波的伸缩与平移，若尺度参数 a 减小，函数压缩时 f 增大，载频升高时，Δf 也增大，而保持了 $\Delta f / f = C$ 的等 Q 特性。

小波变换的基本思想是用一簇在时域和频域上都具有有限支撑的函数去刻画或逼近被研究的信号，而这一簇函数是通过基本小波函数在不同尺度下的平移伸缩构成的。与 WFT 不同，WT 采用的是一簇灵活可调的窗口函数——小波函数系对信号进行分析。虽然 WFT 可以获得信号的局部性质，但在窗口大小固定的情况下，要获得信号的短时高频分析是比较困难的。

WT 与 WFT 相比，其较好地解决了时间与分辨率的矛盾，在低频段用高的频率分辨率和低的时间分辨率，而在高频段用低的频率分辨率和高的时间分辨率，即 WT 的窗口是可调的，在高频时使用窄窗口，而在低频时使用宽窗口，具有自适应分辨分析的功能。由于小波函数的时频窗宽乘积很小，因而被分析信号展开后的系列小波的能量较为集中，其在一定程度上保留了傅里叶展开的优点，并在时间和频率上都可进行局域分析，在小波变换的基础上仍可进行频谱分析。因而将小波理论应用于非平稳信号分析是一种理想而有效的工具。

小波变换由 Morlet 于 1980 年在进行地震数据分析时提出，随后 Grossman 和

Daubechies 共同研究，通过构造 $L^2(R^n)$ 的一个准正交集的方式选取连续小波空间的一个离散子集，并证明了一维小波函数的存在性；1988 年 Daubechies 提出了具有紧支撑的光滑正交小波基；1987 年 Mallat 提出了多分辨分析的概念，并给出了构造正交小波基的方法，并在基于塔式算法的基础上提出了快速小波算法，给出了构造正交小波基的一般方法，极大地推动了小波理论的发展。

随着小波变换理论研究的不断深入及其在各个领域的广泛应用，Mallat[27, 28]、杨福生[29]、沈申生和华亮[30]、魏明果[31]、蒲武川等[32]、崔锦泰[33]、李明和吴艳[34]、王振国和汪恩华[35]、文建波等[36]、Xiong 等[37]、赵明阶等[38]在小波基函数构造、小波算法、小波包方面进行了广泛研究。

当前小波理论已基本成熟，正广泛地应用于各个行业领域，如在机械故障诊断、图形图像处理、信号分析等方面。基于小波变换具有时-频局部化分析功能，且时频窗宽度可调节，可获取检测信号中蕴含的突变信息；当取小波母函数为平滑函数的一阶导数时，信号小波变换的模在信号突变点取得局部极大值；同时，由于多尺度小波分析具有尺度可调功能，随着尺度的增大，信号中小波变换模的极大值点数迅速减少，使信号小波变换模的极大值点得以显露。因而小波变换在复合材料损伤检测、结构无损探伤及力学计算中的边界层问题处理等方面得到了很好的运用。

20 世纪 90 年代，国内学者运用小波分析方法开始处理地震波信号，为高分辨率地质地震解释提供了一种新方法。

随着小波理论的成熟，这种新的数学分析理论工具开始在爆破振动信号的分析处理中得到了运用，赵明阶等[38]采用小波与傅里叶变换相结合的手段对爆破地震波进行分析处理，从而得到准确的频率特征。为寻求适宜于爆破振动信号的处理，何军等[39]提出了复小波函数，宋光明等[18]根据爆炸冲击作用于二阶弱阻尼振动系统的响应函数构造了小波基函数，将其用于爆破振动信号的分析。Meyer[40]采用小波包技术研究了爆破条件、位置条件和传播介质条件对爆破振动信号分析中的小波包时频特征的影响。谢异同[41]、陆凡东等[42]基于平移不变小波技术，对爆破振动信号进行了去噪研究。将小波理论运用于爆破地震效应研究，促进爆破地震效应机理研究方面相关理论的提高，这将是本领域研究人员的新课题。

1.2.4　分形理论

分形几何是 Mandelbrot 在 20 世纪 70 年代创立的，分形的思想新颖而又独特，已被越来越多的人认识和掌握。由于分形现象在自然界的广泛存在，它所渗透的领域涉及物理、化学、冶金学、材料科学、表面学等。几十年来，分形几何已经迅速发展成为一门新兴的数学分支，成为研究与处理自然界与工程技术中不规则现象或图形的强有力工具。

分形从几何上讲是一种散乱的延伸结构精细图案，放大其局部就会显示出反复出现的细节，因此它在各种分析尺度上都存在着相似性，这种标度不变性即为分形的对称性。一般的分形形态具有随标度变化（放大或缩小）而伸缩的对称性。分形几何可广泛地用于揭示不规则形状的局部与整体的自相似性（非线性共性）规律。对这种相似参数的定量是分形的主要概念——分形维数 D_f 的区别，不仅在于分形维数是连续变化的，还在于分形维数反映了构成这些不规则形状的复杂程度。

常用维数有计盒维数、Hausdorff 维数、自相似维数、关联维数等，可根据不同的研究对象选择使用。自然界中的线性分形是不存在的，一般的分形特征仅在统计意义下成立，这也就是常用的统计自相似分形。各种维数定义的计算差异说明分形只是一种近似表达方法，各种结果的不同说明其近似程度不同。计盒维数是目前最广泛的维数定义之一。

计盒维数的定义如下：设 F 是 R 上任意非空的有界集，$N_\delta(F)$ 是直径最大为 δ，可以覆盖有界集 F 的最少盒数量，则有界集 F 的下、上计盒维数分别为

$$\underline{\dim_B} F = \varliminf_{\delta \to 0} \frac{N_\delta(F)}{-\lg \delta} \tag{1.8}$$

$$\overline{\dim_B} F = \varlimsup_{\delta \to 0} \frac{N_\delta(F)}{-\lg \delta} \tag{1.9}$$

如果这两个值相等，则称其为 F 的计盒维数，记为

$$D_f = \dim_B F = \lim_{\delta \to 0} \frac{N_\delta(F)}{-\lg \delta} \tag{1.10}$$

上述计盒维数计算方法得到了广泛的应用。大部分分形维数的定义都是基于"用尺度 δ 进行量度"的思想，而 δ 只能在有限范围内进行讨论才有意义，所以维数测量的标度 δ 有个限定范围，在此范围内才能保证维数的稳定性。

当前还未见国内外有关分形理论运用于爆破地震波分析处理的研究报道，而分形理论在机械振动、语音信号等特征提取和故障诊断方面得到了广泛的运用。

分形理论可以将信号或图像分解成交织在一起的大小不同的多种尺度成分，再对分形后的尺度成分进行时域或频域步长分析。由于分形的不断细化，从而能够不断地聚焦到任意微小细节。这种分形思想可以应用到人们对形体的观察和识别上。从远到近观察形体，首先注意到形体最显著的特征——轮廓，再慢慢注意其结构——线条，最后逐步观察其纹理或细节，这种识别过程体现了一种从低分辨到高分辨的分析原理，同时也体现了对目标进行分割的思想。通过从大到小不

同尺度的变换，在越来越小的尺度上观察到越来越丰富的细节。分形的特征正是各种意义下的尺度对称性。因此，对复杂形态的分形分析，实质上就是一种多分辨分析。

这表明，小波与分形几何具有深刻的内在联系，它们在尺度变换上具有一致性。分形是一种几何语言，小波是一种分析工具。林颖等[43]、周春华等[44, 45]将小波和分形理论联合运用在声信号特征提取方面；Maragos[46]将小波和分形理论联合运用在通信领域；易文华等[47]将小波和分形理论联合运用到大气涡流研究中。

根据分形理论，岩石的损伤可视为实体岩石维数的降低，而维数降低的力学效应恰似损伤引起的岩石等效模量降低，因而用分形维数来描述损伤及其演化能客观全面地反映岩石损伤特性、揭示岩石爆破规律。谢和平[48]应用分形几何和损伤力学研究了岩爆诱发的微地震，并发现它具有集聚分形结构。张朝晖和黄惟一[49]、Liu 等[50]、Panagiotopoulos[51]、杨军等[52]通过实验表明，岩石破裂过程中裂纹分布的几何形状是一个分形，且分形维数与外界施加荷载水平和方式有关，分形维数的变化反映了岩石所受荷载作用过程。分形几何作为研究普遍存在的不规则、支离破碎但具有统计自相似现象的数学分析手段，在地球物理领域的应用取得了显著的成果。当前，关于分形理论在爆破地震效应方面的文献还很少见。

1.2.5　数值分析方法

在科学技术领域，对于许多问题，人们已经得到了它们应遵循的基本方程（常微分方程或偏微分方程）和相应的定解条件，但对于方程较为复杂或几何形状不规则的问题，解析方法目前还无能为力。为此，随着计算机技术的飞速发展和应用，人们发展了另一种有效求解途径——数值解法。

爆破工程领域由于其特殊的工程应用背景，多年来一直是数值方法应用最活跃的领域，其应用和发展较多的数值分析方法有如下两类。

（1）有限差分法（finite difference method，FDM）。有限差分法将控制的微分方程用不同的差分方程代替。对于动力撞击问题，最先发展的技术是有限差分法，20 世纪 80 年代前后较为流行的有限差分程序有 Lagrange 型程序 TEMP，Euler 型程序 HULL、METRIC、PISCES、AUTODYN 等。

（2）有限元法（finite element method，FEM）。简单地说，就是利用刚度表述，该表述中每个单元的位移函数或多项式是假定的，而刚度利用变分原理来求解。FEM 能够处理复杂的几何形状和边界条件，以及材料的不同属性和结构的不同区域，能以相同的网格或理想结构来求解不同的边值问题。

　　FEM 应用于岩土力学与爆炸效应领域比 FDM 要晚，其最初应用主要局限于分析一些结构响应问题。

　　爆破地震效应问题有限元数值模拟要求计算程序本身对分析材料失效和破坏具有非常强的能力，尤其是具有处理材料大位移、大畸变的能力。为此，一些大型软件在算法上吸取了 FDM 计算流体问题时的许多优点，如重分区（rezoning）法、重分网格法（remeshing）、Euler 法、ALE（arbitrary Lagrangian Eulerian）法和无网格法。

　　由于 ALE 法兼具了 Lagrange 法和 Euler 法二者的特长，即首先在结构边界运动的处理上引进 Lagrange 法的特点，因此能有效地跟踪物质结构边界的运动；其次，在内部网格的划分上吸收了 Euler 法的长处，使内部网格单元独立于物质实体而存在，但 ALE 法又不完全与 Euler 法的网格相同，网格可以根据定义的参数在求解过程中适当地调整位置，使得网格不出现严重的畸变，ALE 法在分析大变形问题时是非常有利的。使用 ALE 法时网格与网格之间物质是可以流动的，从而避免了网格畸变过大造成的计算发散、计算结果不可信等缺陷。

　　随着现代计算机技术的提高，国内外学者在岩石爆破数值计算方面进行了大量的研究工作，贾光辉[53]给出了各种岩石爆破数值计算模型。Kelly 等[54]研究了基于 FDM 人工合成地震记录的方法。

　　裴正林[55]对任意起伏地表下 2 维弹性波传播交错网格高阶有限差分法数值模拟进行了研究。国胜兵等[56]基于爆炸地震能量守恒及经验关系，提出了能够考虑药量和爆源距影响的爆破地震波功率谱密度（power spectral density，PSD）和幅值包络线模型，并且利用实测爆炸实验数据，对模型参数进行标定，给出单点、两点（微差）和多点（微差）爆破地震波实用计算方法。结果表明，计算得到的爆破地震波时程能够很好地再现其一些特性。

第 2 章 爆破地震波实测信号预处理方法

爆破振动测试系统放大器随温度变化产生的零点漂移、传感器本身低频响应下限的限制及周围环境的干扰，可能导致爆破振动响应测试信号的时程曲线偏离基线，在频域产生低频干扰成分，降低了测试数据的准确性及频谱分析的分辨率。因此，在对此类振动测试信号进行频谱分析及特征提取前，应当通过技术手段滤除其低频趋势项。

目前，对爆破振动响应信号低频趋势项的滤除一般采用小波变换法、最小二乘拟合法和经验模态分解（empirical mode decomposition，EMD）法。小波基的选择及信号分解深度对基于小波变换的趋势项去除方法有较大的影响；最小二乘拟合法需要对振动信号具有一定的先验知识，其对消除多项式以外的不规则趋势项存在较大的偏差，而从信号时程曲线上很难直接观察出趋势项的类型。因此，针对这两种方法的合理选择成为有效去除爆破振动响应信号低频趋势项的一大瓶颈。然而，基于经验模态分解技术的趋势项去除方法具有自适应能力强、不需要考虑趋势项类型、基函数由信号本身产生及高时频分辨率的优势，使其成为解决上述难题的一条有效途径。

2.1 爆破地震波实测信号趋势项去除

2.1.1 基于 EMD 的爆破地震波实测信号趋势项去除

EMD 是希尔伯特-黄（Hilbert-Huang）变换的一项重要内容，其核心思想是将振动响应信号分解为一系列的本征模态函数（intrinsic mode function，IMF）。设实测爆破振动响应信号的采样序列为 $S(t)$，则其经验模态分解过程可表示为

$$S(t) = \sum_{i=1}^{n} S_i(t) + R_n(t) \tag{2.1}$$

式中，$n \in \mathbf{Z}^+$ 表示信号分解的阶数；$S_i(t)$ 表示第 i 阶 IMF 分量；$R_n(t)$ 表示 n 阶分解后的残余分量。

在假定信号数据至少存在一个极大值和一个极小值的前提下，EMD 算法的筛选过程可归纳如下。

（1）找出信号序列 $S(t)$ 的全部极值点，用三次样条插值函数对其进行数据拟合，得到原始信号的上包络线 $S_{\max}(t)$ 和下包络线 $S_{\min}(t)$。

（2）按时间顺序连接上下包络线即可得到信号的均值包络线序列 $m_1(t)$：

$$m_1(t) = [S_{\max}(t) + S_{\min}(t)] / 2 \qquad (2.2)$$

用信号序列 $S(t)$ 减去均值包络线序列 $m_1(t)$ 可得到一个新的差值序列 $h_1(t)$：

$$h_1(t) = S(t) - m_1(t) \qquad (2.3)$$

（3）将新序列 $h_1(t)$ 作为原始序列重复式（2.2）和式（2.3）所示的过程 k 次，可得到经过 k 次筛选的数据 $h_{1k}(t)$：

$$h_{1k}(t) = h_{1(k-1)}(t) - m_{1(k-1)}(t) \qquad (2.4)$$

若 $h_{1k}(t)$ 满足 IMF 分量标准，则认为从原始信号序列中分解出第一个 IMF 分量，记作 $S_1(t)$。为保证 IMF 分量具有幅值和频率方面的物理意义，在筛选过程可用连续两次运算的标准差（standard deviation，SD）作为衡量是否为 IMF 分量的标准，即

$$SD = \sum_{t=0}^{T} \left| \frac{|h_{1(k-1)}(t) - h_{1k}(t)|^2}{h_{1(k-1)}^2(t)} \right| < \varepsilon \qquad (2.5)$$

式中，T 为信号序列的总时间长度；ε 一般取 0.2～0.3。这个条件控制了筛选的次数 k，使得到的 IMF 分量保留了原始信号的幅度调制的信息。

（4）通过第一个 IMF 分量 $S_1(t)$ 可以获得信号的残余分量 $R_1(t)$：

$$R_1(t) = S(t) - S_1(t) \qquad (2.6)$$

$R_1(t)$ 中仍然可能包含原始序列中的频率信息，对其重复（1）～（3）就可以得到第二个 IMF 分量 $S_2(t)$。

（5）以此类推，可得到原始信号的 n 阶 IMF 分量 $S_n(t)$ 和残余分量 $R_n(t)$。当 $S_n(t)$ 和 $R_n(t)$ 均小于预先给定的阈值或单调函数 $R_n(t)$ 无法再分解出 IMF 分量时，便可认为 EMD 分解过程结束。

基于上述对筛选过程的描述，可得到 EMD 算法流程图如图 2.1 所示。

上述过程是基于信号的局部特征进行数据分解的，因此，EMD 算法是经验的、自适应的，分解得到的 IMF 分量是稳定的、线性的，更适宜于处理爆破振动一类的非平稳信号。

2.1.2　算法应用实例

图 2.2 是爆破振动响应测试过程中采集的某一炮次的振动速度时程曲线及其

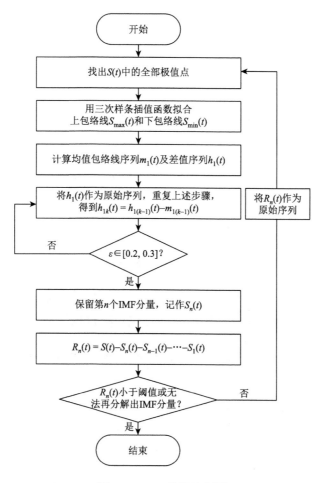

图 2.1　EMD 算法流程图

功率谱。由图 2.2（a）中可以看出该爆破振动响应信号存在明显的零点漂移现象，通过图 2.2（b）中信号的功率谱也可以发现，该信号的频率主要集中在 0～50Hz 内，并且在 0～2Hz 存在较大幅值的低频直流分量，因此，测试信号中趋势项的存在不但会严重影响时程曲线波动特征的准确性，而且也可能降低对信号频域特征的识别能力，寻找合适有效的方法将其去除是有必要的。

根据图 2.1 中 EMD 算法流程，采用 MATLAB 编制程序对图 2.2 中的爆破振动响应信号进行 9 阶分解，所得到的测试信号各阶 IMF 分量及相应功率谱如图 2.3 所示。研究图 2.3 可以得出如下结论。

（1）爆破振动响应测试信号 $S(t)$ 被分解为 $S_1 \sim S_9$ 及 R_9 共 10 个 IMF 分量。一般来说，$S(t)$ 经过 EMD 分解后可得到 10 个频率由高到低的 IMF 分量，然而，需

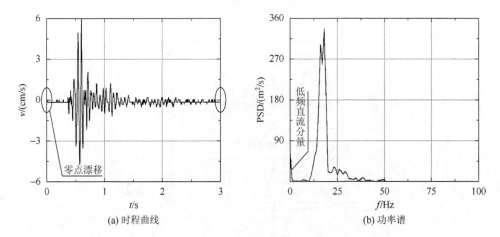

(a) 时程曲线　　　　　　　　　　(b) 功率谱

图 2.2　爆破振动响应测试信号时程曲线及其功率谱

要指出的是，并不是说 $S_n(t)$ 的频率总是比 $S_{n+1}(t)$ 的高，而是指在某个局部的频带区间内，$S_n(t)$ 的频率值要大于 $S_{n+1}(t)$ 的频率值，这也满足了 EMD 局部性强的特点。

（2）振动响应测试信号 $S(t)$ 的频谱丰富，大部分信号分量集中在 100Hz 以下，其中优势频率集中在 6～51Hz 内；S_1～S_3 所占的频带宽度最大，但所占能量却非常小，表明信号在测试过程中引入了干扰噪声，在后续分析中应对其进行降噪处理；S_4～S_9 为测试信号的优势频段，体现爆破振动主要的时频特征和破坏效应，而残余分量 R_9 频率处于 0～2Hz，且所占的能量相对较大，属于信号中掺杂的低频直流分量。

（3）IMF 分量 S_6～S_9 及 R_9 出现端点摆动的现象，这主要是由于在信号分解过程中采用三次样条插值函数进行包络线数据拟合时引发的端点效应。为避免该情况的发生，在选取测试信号时数据长度不宜太短，同时可对信号进行高通滤波处理。

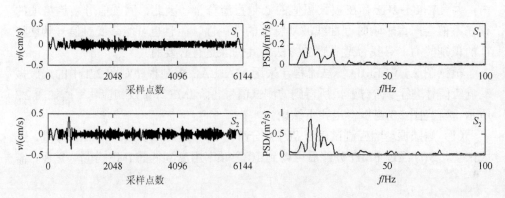

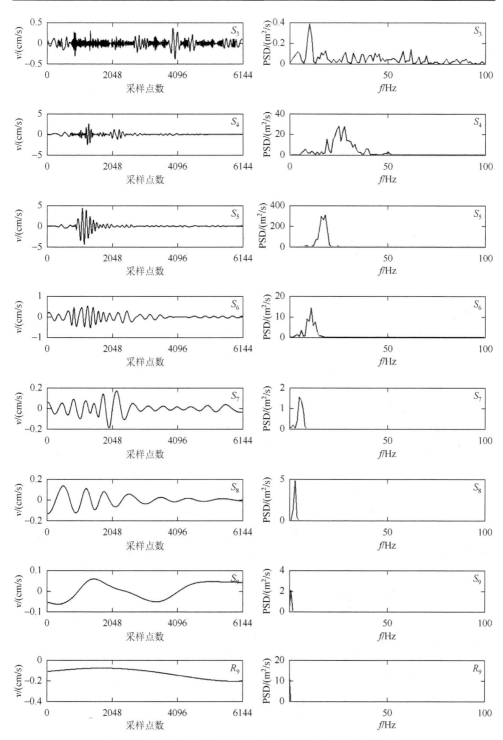

图 2.3　爆破振动响应测试信号各阶 IMF 分量及相应功率谱

爆破振动响应测试信号 $S(t)$ 经过 EMD 分解后的残余分量 R_9 表示信号中的低频直流分量，它体现了振动响应测试系统的零点漂移和测试信号偏离基线的趋势，属于爆破振动响应信号中的低频趋势项，而 IMF 分量 $S_1 \sim S_3$ 代表着信号中的干扰噪声分量。因此，除去 $S_1 \sim S_3$ 及 R_9，采用 $S_4 \sim S_9$ 进行信号重构即可得到如图 2.4 所示的去除趋势项之后的爆破振动响应信号。

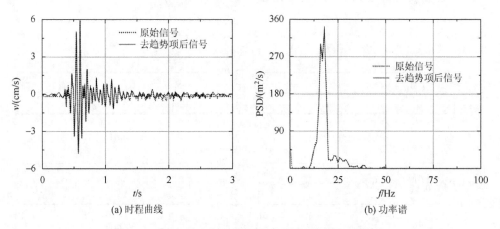

图 2.4　EMD 算法去除趋势项后的时程曲线及功率谱

　　经过与原始振动响应测试信号时程曲线的对比可知，EMD 算法在去除爆破振动响应信号波形中的零点漂移的同时，对噪声信号也起到一定的抑制作用，且去除趋势项后信号的时程峰值[−4.74, 5.93]及功率谱峰值 336.03 较原始信号的时程峰值[−4.74, 5.92]及功率谱峰值 336.83 的变化幅度并不大；通过对两信号功率谱的对比也能发现，EMD 算法成功滤除了信号中的低频直流分量，能够使信号中峰值、主频、能量分布等规律更清晰、准确地显现出来。

　　图 2.5 是利用 db5 小波基对振动响应测试信号进行趋势项去除后的信号时程曲线及功率谱，信号分解尺度 $j = 9$。从图 2.5 中可以看出，小波法能够有效地去除原始信号中的零点漂移及功率谱中的低频直流分量，而且小波法对干扰噪声的抑制效果在一定程度上要优于 EMD 算法。然而，通过表 2.1 中所列的数据可知，基于四种小波基在三种不同分解尺度下去除趋势项后的信号时程峰值及功率谱变化幅度较 EMD 算法要大得多，即不同小波基于原始信号形状的差异和分解尺度不同导致的小波系数差异，直接影响到振动测试信号中趋势项分量的提取。因此，采用小波法去除爆破振动响应信号中的趋势项时，小波基和分解尺度选择适当与否将直接影响趋势项去除的效果，其主要原因是对信号进行小波分解时将小波基和采样序列做卷积，小波基和分解尺度选择不合适将直接影响对后续节点小波系数的提取。

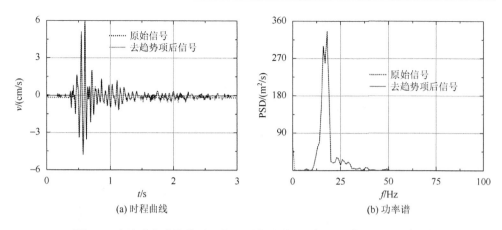

(a) 时程曲线　　　　　　　　　　　　　(b) 功率谱

图 2.5　小波法去除趋势项后的时程曲线及功率谱，信号分解尺度 $j = 9$

表 2.1　小波法去除趋势项效果对比

小波	分解尺度 $j = 7$			分解尺度 $j = 8$			分解尺度 $j = 9$		
	时程曲线		功率谱	时程曲线		功率谱	时程曲线		功率谱
db5	−4.7617	5.9259	336.06	−4.7544	5.9400	336.08	−4.6665	5.9967	335.29
db6	−4.7166	6.0225	335.04	−4.5778	5.9351	336.34	−4.5258	5.9890	335.46
db7	−4.7546	6.0469	334.17	−4.6598	6.1855	335.74	−4.6431	6.1942	335.57
db8	−4.8066	5.9978	335.37	−4.7040	6.0175	335.51	−4.6700	6.0150	335.50

　　图 2.6 为拟合阶次 $m = 3$ 时采用最小二乘法去除趋势项后的爆破振动响应信号时程曲线及功率谱。分析可知，最小二乘法虽然去除了原始测试信号中的趋势

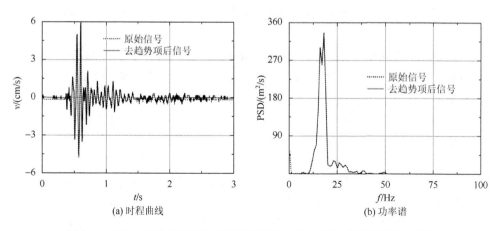

(a) 时程曲线　　　　　　　　　　　　　(b) 功率谱

图 2.6　最小二乘法去除趋势项后的爆破振动响应信号时程曲线及功率谱

项分量，但与 EMD 算法、小波变换法相比效果要差得多，并且最小二乘法对干扰噪声基本无抑制。表 2.2 为采用最小二乘法去除趋势项时，拟合阶次 m 对趋势项去除效果的对比分析。由表 2.2 中数据可以看出，去除趋势项后的爆破振动响应信号时程曲线及功率谱峰值随拟合阶次 m 的选取有较明显的变化，这主要是由于拟合阶次 m 的选择直接关乎使用什么样的拟合精度对采样数据进行逼近，因此，拟合阶次 m 对基于最小二乘法的爆破振动响应信号趋势项去除精度有较大的影响。

表 2.2　最小二乘法去除趋势项效果对比

拟合阶次	时程曲线的最小值	时程曲线的最大值	功率谱
$m=1$	−4.6288	6.0318	337.0976
$m=2$	−4.6268	6.0329	336.5901
$m=3$	−4.6495	6.0085	335.2106

通过对 EMD 算法、小波法及最小二乘法在爆破振动响应信号趋势项的去除效果的对比分析可知：前两种方法在有效地滤除爆破振动响应信号中低频趋势项分量的同时，也能对干扰噪声分量起到一定的抑制作用，而最小二乘法的趋势项去除效果要相对次于前两者；与小波法、最小二乘法需要对信号具有较强的先验知识相比，EMD 算法对趋势项的去除完全依据采样数据本身的局部特征进行，具有较强的自适应性，能够在很大程度上提高振动响应测试数据的精度和特征分析的分辨率。

2.2　基于 SGWT 的爆破振动响应信号信噪分离

第二代小波变换（second generation wavelet transform，SGWT）是 1995 年由 Sweldens 提出的一种采用提升模式构造小波的方法，其不依赖于傅里叶变换，有效地避免了传统的基于卷积的算法中的冗余计算，降低了运算的复杂度。从理论上讲，任何一种提升格式都对应着一个广义小波。Sweldens 指出在等间隔采样和无加权函数的情况下，根据待分析信号特征，可以通过设计预测算子和更新算子构造新的二代小波，具有较好的灵活性，能够更好地满足实际问题需要。1998 年，Daubechies 和 Sweldens[57]证明所有能够采用 Mallat 算法实现的第一代小波变换均可采用提升方案来实现。提升格式是小波变换的另一种实现方法，但信号经过小波变换后的特性取决于信号本身的特征及所选用的小波基函数，而与所采用的实现方法无关。

2.2.1　提升算法的基本原理

SGWT 对信号的分解过程主要由分裂、预测和更新三个步骤组成。假定爆破振动响应测试信号的采样序列为 $s_j[k]$，$k=1,2,\cdots,2^{N-j}$（信号长度为 2^N），用提升算法分解后可得到逼近分量 s_{j-1} 和细节分量 d_{j-1}。SGWT 分解过程如下所示。

（1）分裂。理论上可以将采样数据任意划分，但考虑到数据之间的相关性，将其按序数奇偶性分为两个子集 s_j^e 和 s_j^o，这一步也称为懒小波变换（lazy wavelet transform），通过它只是将信号简单地分为两部分：

$$\begin{cases} s_j^e[k]=s_j[2k-1] \\ s_j^o[k]=s_j[2k] \\ k=1,2,\cdots,2^{N-j-1} \end{cases} \tag{2.7}$$

（2）预测。在原始数据相关性的基础上，使用预测器 P 由偶序列 s_j^e 预测奇序列 s_j^o，即

$$d_{j-1}=s_j^o-P(s_j^e) \tag{2.8}$$

式中，$P(s_j^e)$ 是用 s_j^e 的值预测 s_j^o 值的表达式；s_j^o 的值与预测值之间的差值 $s_j^o-P(s_j^e)$ 即为信号的细节分量 d_{j-1}。这一步即为提升算法中的对偶提升（dual lifting）。当信号的相关性较大时，对偶提升将非常有效。

（3）更新。为了使原信号集的某些全局特性在其子集中继续保持，同时消除分裂过程中产生的频率混叠效应，必须进行更新。利用更新器 U，用 d_{j-1} 更新 s_j^e，得到信号的逼近分量 s_{j-1}，即

$$s_{j-1}=s_j^e+U(d_{j-1}) \tag{2.9}$$

这一步在提升算法中称为原始提升（primal lifting）。

从频域角度分析，预测 $P(s_j^e)$ 意味着平滑，可看作低频；细节分量 d_{j-1} 意味着信号在局部区域内与自身低频分量之间的误差，体现了信号 s_j 中的高频分量，即小波系数，小波系数越小，表示预测越平滑越精确，预测效果越好；逼近分量 s_{j-1} 反映了信号中的低频分量。继续对 s_{j-1} 进行分解便可得到下一层的逼近分量和细节分量。

SGWT 对信号的重构过程即为分解过程的逆过程，其由反更新、反预测和合并三步组成。经过相同的预测器和更新器运算可得到以下结论。

① 反更新：$s_j^e=s_{j-1}-U(d_{j-1})$。

② 反预测：$s_j^o=d_{j-1}+P(s_j^e)$。

③ 合并：$s_j[2k-1]=s_j^e[k]$，$s_j[2k]=s_j^o[k]$。

提升小波变换示意图如图 2.7 所示。

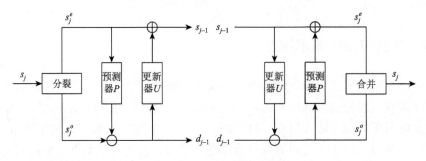

图 2.7　提升小波变换示意图

2.2.2　基于插值细分的第二代小波构造

插值细分的本质是在原始样本的基础上采用多项式插值方法来获得新的样本值，即当位于两个相邻样本中间位置的插值点已知时，若插值多项式确定即可求出新的样本值。预测器系数可以通过插值多项式来确定，插值细分示意图如图 2.8 所示。

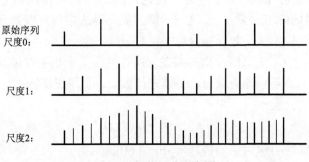

图 2.8　插值细分示意图

根据 Lagrange 插值定理，已知 $N+1$ 个互不相同的点 $x_0,x_1,\cdots,x_N$ 处的函数值为 $y_0,y_1,\cdots,y_N$，即 $y_i=f(x_i)$，$i=0,1,\cdots,N$，则存在唯一一个次数不大于 n 的多项式 $L_n(x)$，使 $L_n(x_i)=f(x_i)$，那么

$$L_n(x_i)\sum_{i=0}^{N}y_iL_{n,i}(x_i)\qquad\qquad（2.10）$$

式中

$$L_{n,i}(x)=\prod_{\substack{i=0\\i\neq k}}^{N}\frac{x-x_i}{x_k-x_i}\qquad\qquad（2.11）$$

每次细分时，取 N 个 $(N = 2D, D \in \mathbf{Z}^+)$ 已知样本 $y_{j,k-D+1}, \cdots, y_{j,k}, \cdots, y_{j,k+D}$，并假定这些样本是等时间间隔采样的，其对应的采样时刻为 $x_k + 1, x_k + 2, \cdots, x_k + N$，$x_k$ 为任意的起始时间，通过细分产生的新采样值处于这些已知样本的中间位置，插值点（或预测点）为 $x = x_k = (N+1)/2$，这样预测器系数可用式（2.12）确定，即

$$p_i = L_{n,i}(x) = \prod_{\substack{i=1 \\ i \neq k}}^{N} \frac{(N+1)/2 - i}{k - i} \qquad (2.12)$$

表 2.3 为根据式（2.12）求得的几种第二代小波的预测器系数。

表 2.3　预测器系数

N	P_1	P_2	P_3	P_4	P_5	P_6	P_7	P_8
2	0.5	0.5						
4	−0.0625	0.5625	0.5625	−0.0625				
6	0.0117	−0.0977	0.5859	0.5859	−0.0977	0.0117		
8	−0.0024	0.0239	−0.1196	0.5981	0.5981	−0.1196	0.0239	−0.0024

当 $N = \tilde{N}$（N、$\tilde{N}$ 分别为预测器个数、更新器个数）时，更新器 U 的系数为预测器 P 系数的 1/2。预测器 P 和更新器 U 确定后，分别根据式（2.8）、式（2.9）经过迭代运算即可得到第二代小波的尺度函数 $\phi(x)$ 与小波函数 $\psi(x)$，如图 2.9 所示。振动响应测试信号具有典型的短时非平稳特性，将采用 SGW(6, 6) 和 SGW(8, 8) 进行相应的分析及信噪分离。

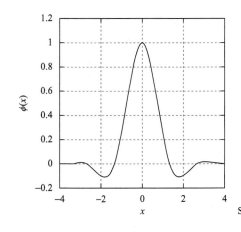
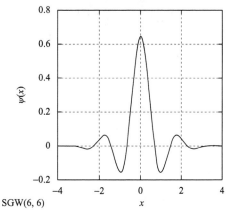

SGW(6, 6)

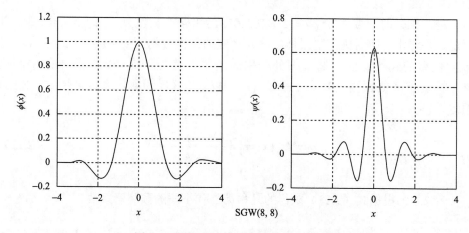

图 2.9　插值小波的尺度函数与小波函数

2.2.3　算法应用实例

图 2.10 为爆破振动响应测试过程中测得的第 12 炮次的振动速度时程曲线及时频能量谱。从图 2.10（a）中可以看出，信号中掺杂有大量由测试系统及周围环境带来的方波干扰，结合图 2.10（b）中的时频能量分布可知，该信号在 192～265Hz 频带区间内存在高频噪声分量。

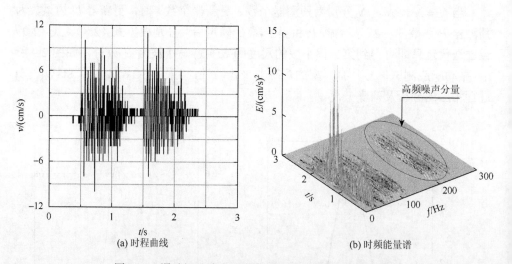

图 2.10　爆破振动响应测试信号时程曲线及时频能量谱

依据提升算法原理及第二代小波的构造方法，分别采用 SGW(6, 6)和 SGW(8, 8) 对图 2.10 所示的振动响应测试信号进行分解尺度 $j = 3$ 的小波分解，得到各尺度节点系数如图 2.11 和图 2.12 所示。图中，节点（1, 0）、（2, 0）及（3, 0）代表信号

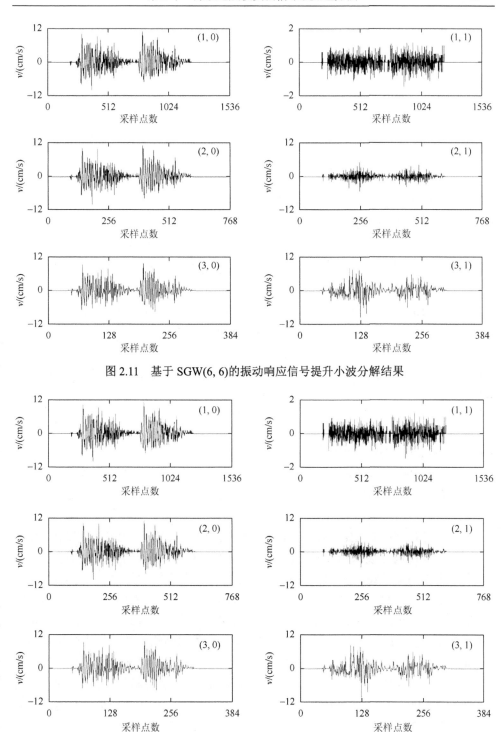

图 2.11　基于 SGW(6, 6)的振动响应信号提升小波分解结果

图 2.12　基于 SGW(8, 8)的振动响应信号提升小波分解结果

分解到相应尺度时的逼近信号，体现了未分解前信号中的低频分量；节点（1,1）、（2,1）及（3,1）为相应尺度的细节信号，体现爆破振动响应信号中的高频分量。

由于细节信号中不仅含有高频噪声，还可能含有有效信号中的高频系数，因此，需要选用合适的阈值，使噪声能与有效信号区分开来，避免对爆破振动响应测试信号中特征信息的"过扼杀"，从而真正实现爆破振动响应信号的信噪分离。

常用的阈值函数有硬阈值和软阈值两种，其中硬阈值函数的表达式为

$$\bar{d}_n^j[k] = \begin{cases} 0, & |d_n^j[k]| \leqslant \tau \\ d_n^j[k], & |d_n^j[k]| > \tau \end{cases} \tag{2.13}$$

式中，τ 为阈值；$d_n^j[k]$ 为第 (j,n) 节点的系数。

$\bar{d}_n^j[k]$ 为阈值量化后的系数，其表达式为

$$\bar{d}_n^j[k] = \mathrm{sgn}(d_n^j[k])(|d_n^j[k]| - \tau) = \begin{cases} 0, & |d_n^j[k]| \leqslant \tau \\ d_n^j[k] - \tau, & d_n^j[k] > \tau \\ d_n^j[k] + \tau, & d_n^j[k] < -\tau \end{cases} \tag{2.14}$$

式（2.13）和式（2.14）中，各尺度下的阈值 τ 可由式（2.15）确定：

$$\tau_j = \frac{\sigma\sqrt{2\lg(N)}}{\lg(j+1)} \tag{2.15}$$

式中，N 为信号的数据长度；j 为对应的分解尺度；噪声方差 σ 可由中位数估计法确定：

$$\sigma = \frac{\mathrm{median}(d_n^j[k])}{0.6745} \tag{2.16}$$

式中，$\mathrm{median}(\ )$ 为中位数函数。

由于振动响应信号具有较强的时频局部性，而软阈值处理后的信号相对平滑，并可能会造成边缘模糊等失真现象，采用硬阈值函数对各尺度下的高频分量进行量化处理。

按照式（2.13）确定的阈值函数分别对节点（1,1）、节点（2,1）及节点（3,1）下的高频分量进行硬阈值量化，将处理后的细节信号与对应尺度下的逼近信号进行逐层重构即可得到信噪分离后的爆破振动响应信号。图 2.13、图 2.14 分别是基于 SGW(6,6) 和 SGW(8,8) 分解后节点系数进行重构的爆破振动响应信号。由图 2.13（a）、图 2.14（a）能够看出，经提升小波变换降噪处理后，原始振动响应测试信号中由测试系统及周围环境带来的干扰已基本消除，信噪分离后信号的波形曲线相对于图 2.10 中的波形曲线在振动响应信号峰值、突变特征方面表现得更加清晰；通过图 2.13（b）、图 2.14（b）中降噪后信号的时频谱图可以发现，原始振动响应测试信号中处于 192～265Hz 频带区间内的高频噪声已被完全滤除，信号的主要能量集中在 10～120Hz 的频带内，爆破振动响应信号能量随时间、频率变化的衰减特征可以被清晰地识别。

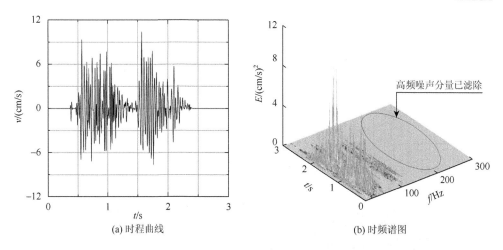

图 2.13　基于 SGW(6, 6)的爆破振动响应信号降噪结果

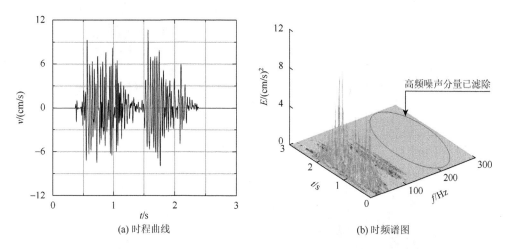

图 2.14　基于 SGW(8, 8)的爆破振动响应信号降噪结果

图 2.15 为基于第一代小波变换的振动响应信号去噪结果。与图 2.13、图 2.14 对比可知，提升小波变换在爆破振动响应信号信噪分离方面较经典的第一代小波变换存在明显的优势，经过第一代小波信噪分离方法处理后的信号峰值等局部特征比较模糊，信号中仍混杂有方波干扰等高频噪声；通过信噪分离后信号的时频谱图也能看出，高频区间内的噪声能量未被滤除，信噪分离效果较差。为定量评价提升小波变换在爆破振动响应信号信噪分离的应用效果，采用信噪比（signal noise ratio，SNR）、均方根误差（root mean square error，RMSE）两项评价指标：

$$\mathrm{SNR} = 10\lg\left\{\sum_{n=1}^{N} s^2(n) \Big/ \sum_{n=1}^{N}[\hat{s}(n) - s(n)]^2\right\} \tag{2.17}$$

$$\mathrm{RMSE} = \frac{1}{N} \sum_{n=1}^{N} [\hat{s}(n) - s(n)]^2 \qquad (2.18)$$

式中，N 为信号的采样点数；$s(n)$ 为原始信号样本值；$\hat{s}(n)$ 为信噪分离后信号的样本值。原始信号经过降噪处理后，信噪比越高，均方根误差越小，说明该算法的信噪分离性能越好。

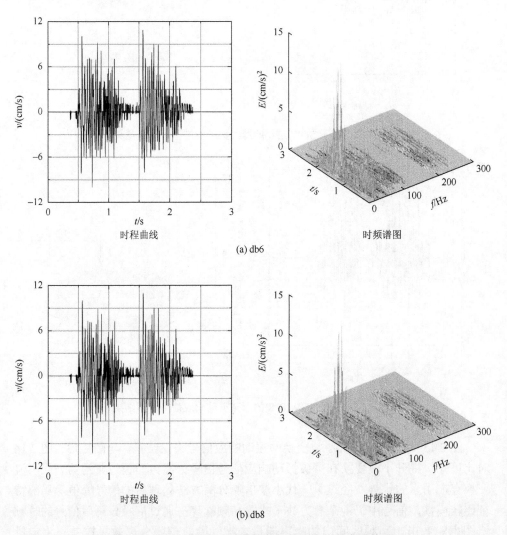

图 2.15 基于第一代小波变换的振动响应信号去噪结果

表 2.4 所列的为提升小波、第一代小波信噪分离后信号的信噪比、均方根误差，由表中数据可知，提升小波变换较第一代小波变换更容易得到较高的 SNR 和较低的 RMSE，更适宜于爆破振动响应信号分析处理中的噪声消除。

表 2.4　信噪分离应用效果对比

评价指标	提升小波变换		第一代小波变换	
	SGW(6, 6)	SGW(8, 8)	db6	db8
SNR	33.6389	28.1753	9.5016	8.2220
RMSE	0.0932	0.1224	0.2396	0.2488

2.3　基于 FastICA 的低信噪比爆破振动响应信号信噪分离

傅里叶变换及以其为基础发展而来的第一代小波变换及前面提到的提升小波变换等信噪分离方法，都是在假定信号和噪声处于不同的频带范围的基础上，通过选用合适的滤波器滤除噪声、保留有用信息而实现信噪分离的。然而，当爆破振动响应信号中有用信号特征较弱而噪声较强，或有用信号与噪声的频率范围叠加严重时，传统的方法在有效分离信号与噪声方面就会显得无能为力。因此，在爆破振动响应测试信号信噪比较小，采用传统方法无法有效地实现信噪分离的情况下，寻求一种能够将真实信息从信号中提取出来的方法势在必行。

独立分量分析（independent component analysis，ICA）算法作为一种非高斯信号描述方法，在信号处理过程中既不易受源信号间频带混叠的干扰，也不受源信号强弱的影响，能够为复杂条件下低信噪比爆破振动响应测试信号的降噪处理提供有力的工具。考虑到振动响应信号是能量快速释放在介质中传播的瞬态弹性波，而掺杂其中的噪声主要包括电磁噪声、机械干扰、测试系统带来的工频干扰及量化噪声等，其产生机理及传播形式与振动响应信号均不同，可以看作源独立信号。

2.3.1　ICA 基本理论

ICA 是近些年来发展起来的一种基于高阶统计信息的盲源数据分析、处理方法，其过程可归纳为：在源信号和传输通道参数均未知的情况下，仅根据源信号的统计特性，可通过构造目标函数及函数优化的方式从观测信号中提取源信号的逼近信号。由于 ICA 算法是通过建立描述输出信号独立程度的优化判据，并寻求最优的分离矩阵，从而使得输出信号中的各分离尽可能相互独立，因此，采用 ICA 算法对低信噪比的爆破振动响应信号进行信噪分离时，可以避免大能量、宽频噪声的影响，将强噪声环境中的有效信号提取出来。

图 2.16 为 ICA 算法的数学模型，图中 n 个信号源发出的信号 $s_1, s_2, \cdots, s_n$ 被 m 个传感器接收后得到输出信号 $x_1, x_2, \cdots, x_m$，假设信号传输是瞬间完成的，即各

信号到达传感器的时间差可以忽略不计，并且传感器接收到的信号为各通道信号的线性组合，即可认为第 i 个传感器的输出信号为

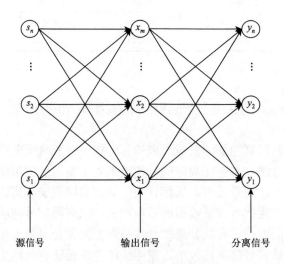

源信号　　　　　　输出信号　　　　　　分离信号

图 2.16　ICA 算法数学模型

$$x_i = \sum_{j=1}^{n} a_{ij}s_j, \quad i=1,2,\cdots,m \qquad (2.19)$$

式中，a_{ij} 为混合系数。ICA 算法的数学模型可以表示为

$$x(t) = A \cdot s(t) \qquad (2.20)$$

式中，A 为 $m \times n$ 列满秩常数矩阵，其第 i 行、j 列的元素为混合系数 a_{ij}，故矩阵 A 也称为混合矩阵。根据上述推论，ICA 算法的求解过程可表述为：在混合矩阵 A 和源信号 $s(t)$ 均未知的情况下，通过求解解混矩阵 w，从观测信号中分离出源信号的逼近信号 $y(t)$，即

$$y(t) = w \cdot x(t) = G \cdot s(t) \qquad (2.21)$$

式中，$G = w \cdot A$ 称为全局传输矩阵。通过优化使得 $G = I$（I 为 $n \times n$ 单位矩阵），即 $y(t) = s(t)$，便可达到分离源信号的目的。

2.3.2　FastICA 算法

ICA 算法的关键在于通过设计目标函数进行优化计算，实现对混合信号的分离并保证各独立分量逼近源信号。优化计算中所用的目标函数即为 ICA 算法的核心所在。目前，信号分离目标函数主要有最大似然估计、互信息最小化及负熵（negentropy）极大化三种，每种目标函数都有对应的 ICA 算法模型。采用非高斯

负熵极大化的 FastICA 算法，具有收敛速度快，计算量小的特性，更适合于处理爆破振动一类工程技术问题。

根据统计学上的中心极限定理可知，如果一个随机变量由许多独立且具有有限均值和方差的随机变量组成，则无论其如何分布，该随机变量都接近高斯分布。在 ICA 分离过程中可以通过测量非高斯性评价各分离量的独立性，当非高斯性度量值达到极大时，则表明各分离量是相互独立的。FastICA 算法所用的负熵一般通过式（2.22）进行估算：

$$J(y) = N \cdot \{E[g(y)] - E[g(y_{\text{Gauss}})]\}^2 \tag{2.22}$$

式中，N 为非负常数；$E(\cdot)$ 为均值运算；$g(\cdot)$ 为非线性、非二次的函数，用来估计随机变量的熵值；y_{Gauss} 为与 y 具有相同方差的高斯分布随机变量。根据信息理论，方差相等的随机变量中，属于高斯分布的具有最大的信息熵；换而言之，非高斯性最强，信息熵越小。由此可知，式（2.22）中 $J(y)$ 达到最大时即可认为已经完成对各独立分量的分离。

为了符合 ICA 数学模型的条件及简化运算，在进行 FastICA 运算之前，需要对原始信号进行去中心化和白化处理，以便去除观测信号之间的相关性。去中心化就是将变量 x 按式（2.23）减去它的均值，使其成为零均值矢量。

$$\bar{x}_i(t) = x_i(t) - \frac{1}{N}\sum_{i=1}^{N} x_i(t), \quad i = 1, 2, \cdots, N \tag{2.23}$$

变量 x 的白化就是通过一定的线性变换 Q，令

$$\tilde{x} = Q \cdot x \tag{2.24}$$

使变换后的随机变量 $\tilde{x}$ 的相关矩阵满足

$$R_{\tilde{x}} = E[\tilde{x}\tilde{x}^{\text{T}}] = I \tag{2.25}$$

经过以上预处理后的信号为具有单位方差的零均值变量，且信号各分量相互正交。

经过以上推导可知，FastICA 算法对信号的分离过程就是通过迭代运算寻找合适的解混矩阵 w，从而实现对各独立分量的提取。设 $y_i(n)$ 为 n 次迭代后的信号分量，$w_i(n)$ 为解混矩阵 w 中与 $y_i(n)$ 对应的某一行向量，即

$$y_i(n) = w_i(n) \cdot \tilde{x}, \quad n = 1, 2, \cdots \tag{2.26}$$

分离过程中，用式（2.22）定义的目标函数对分离结果 $y_i(n)$ 的非高斯性进行度量，并根据牛顿迭代定理对 $w_i(n)$ 按照式（2.27）进行调整：

$$w_i(n+1) = E\{\tilde{x}g'[w_i(n)\tilde{x}]\} - E\{g''[w_i(n)\tilde{x}]\}w_i(n) \tag{2.27}$$

式中，每次迭代运算后都要对 $w_i(n)$ 进行归一化处理，即 $w_i(n) = w_i(n)/\|w_i(n)\|$，以确保分离结果具有能量意义。当相邻的两次 $w_i(n)$ 没有变化或者变化很小时，即

可认为本次迭代运算结束，重复以上迭代过程便可求得解混矩阵 w。同时 FastICA 算法要求每提取一次独立分量后都要从观测信号中将其减去，直到所有分量全部分离。

2.3.3　算法应用实例

基于 FastICA 算法的爆破振动响应测试信号信噪分离流程如图 2.17 所示。为验证 FastICA 算法在低信噪比爆破振动响应信号信噪分离方面的优势，引入仿真实验，分别研究 FastICA 算法及传统的小波阈值方法在强干扰噪声环境下分离有效爆破振动响应信号的性能，并通过引入 SNR、RMSE 两项评价指标对比说明独立分量分析在低 SNR 条件下分离爆破振动响应信号的优越性。

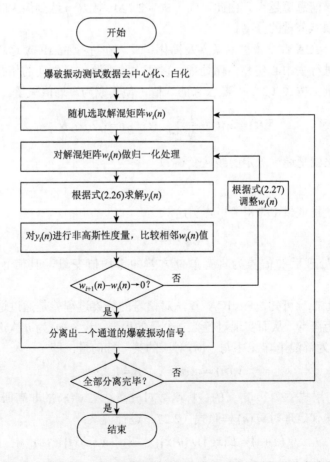

图 2.17　基于 FastICA 算法的爆破振动响应测试信号信噪分离流程

如图 2.18 所示，振动响应信号与干扰噪声两组源信号以 2×2 的随机矩阵混合后得到两组观测信号 01、02。由图 2.18 中可以看出，干扰噪声与振动响应信号的波形叠加严重，从信号时程曲线中已难以读取峰值等局部突变特征。通过图 2.19 中的时频谱图中也能看出，干扰噪声频率分布范围很广且能量幅值较大，已完全掩盖振动响应信号的能量分布特征。通过传统的小波变换将处于不同频带上的信号与噪声完全分离开来的方法是不现实的。

按照图 2.17 所示的流程对观测信号进行分离即可得到如图 2.20 所示的振动响应信号，对比去噪前后信号的时程曲线可知，观测信号中掺杂的干扰噪声已基本滤除，可以清晰地识别信号中的局部特征等细节信息，而且通过去噪后信号的时频谱图也能看出，FastICA 算法能够从强噪声的环境中较好地提取有效信号的能量分布特征。

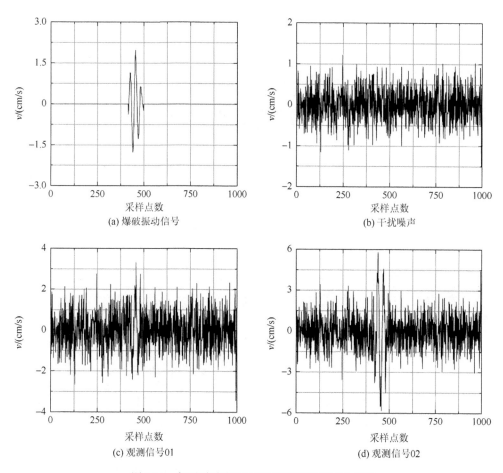

图 2.18　振动响应信号与干扰噪声及其混合信号

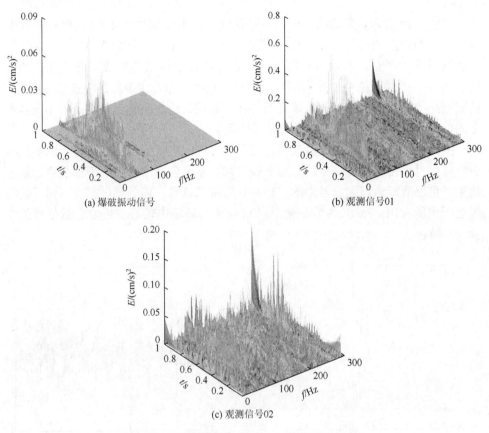

图 2.19　振动响应信号及混合信号的三维时频谱

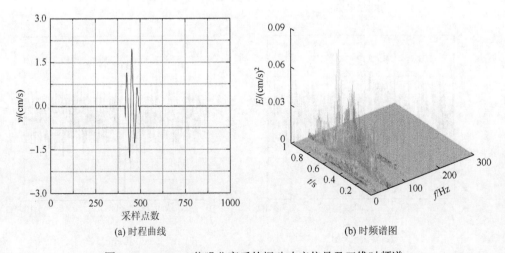

图 2.20　FastICA 信噪分离后的振动响应信号及三维时频谱

采用小波阈值算法对图 2.18 中仿真信号进行信噪分离，分别选用 db6、db8 小波作为小波基进行分解尺度 $j = 3$ 的小波分解，并对阈值量化后的小波系数进行重构，得到如图 2.21 所示的振动响应信号。

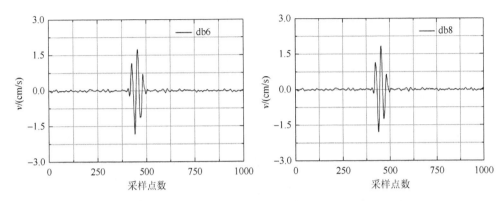

图 2.21　小波阈值算法信噪分离后的振动响应信号时程曲线

考虑到随机噪声强度的影响，选取干扰噪声源强度在 1～10dB 内分别检验两种算法对仿真信号的分离效果。每组试验进行 50 次，选取计算结果的平均值为最终值。图 2.22 为 FastICA 算法与小波阈值算法分离效果对比曲线。

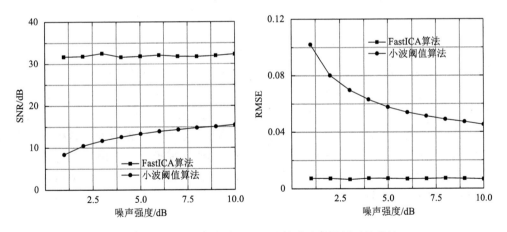

图 2.22　FastICA 算法与小波阈值算法分离效果对比曲线

通过对比分析图 2.21、图 2.22 和表 2.5 中的数据可知：

（1）在处理低信噪比振动响应信号时，FastICA 算法在还原信号局部特征等细节信息方面要优于基于傅里叶变换的小波阈值算法。

（2）FastICA 算法可以更好地降低噪声强弱对信号分离的干扰，避免小波阈值算法信噪分离过程中在阈值选取时难以折中处理"过扼杀"与"消除噪声"之间的矛盾。

（3）FastICA 算法较小波阈值算法更易得到较高的 SNR 和较低的 RMSE，更适宜于低 SNR 信号预处理分析中的噪声消除。

表 2.5 FastICA 算法与小波阈值算法的分离效果

评价指标	FastICA 算法	小波阈值算法
SNR	31.7717	13.3213
RMSE	0.0071	0.0577

由于 SNR、RMSE 等常用的评价指标在反映 FastICA 分离性能方面还不够直观、全面，因此，为进一步验证 FastICA 算法在应用中对源信号和噪声信号的分离效果，现对 FastICA 算法的分离性能指标进行定量分析。评价 FastICA 算法的性能指标主要有稳定性、收敛速度、计算复杂程度及分离精度等，其中分离精度是评价分离性能优劣的重要指标。性能指数（performance index，PI）和相似系数矩阵 ζ_{ij} 是两个最常用的指标，其定义分别为

$$\text{PI} = \frac{1}{n(n-1)} \sum_{i=1}^{n} \left\{ \left(\sum_{j=1}^{n} \frac{|g_{ik}|}{\max_j |g_{ij}|} - 1 \right) + \left(\sum_{k=1}^{n} \frac{|g_{ki}|}{\max_j |g_{ji}|} - 1 \right) \right\} \quad (2.28)$$

$$\zeta_{ij} = \zeta(y_i, s_j) = \left| \sum_{t=1}^{n} y_i(t) s_j(t) \right| \bigg/ \sqrt{\sum_{t=1}^{n} y_i^2(t) \sum_{t=1}^{n} s_j^2(t)} \quad (2.29)$$

式（2.28）中，n 为样本数；g_{ij} 为全局传输矩阵 G 的元素；$\max_j |g_{ij}|$ 为 G 的第 i 行元素绝对值中的最大值；$\max_j |g_{ji}|$ 为第 i 列元素绝对值中的最大值。当分离信号 $y(t)$ 与源信号 $s(t)$ 波形完全相同时，$\text{PI} = 0$。然而在实际应用中当 PI 达到 10^{-2} 量级时，该算法的分离性能已相当好。式（2.29）中，当 $y_i = cs_j$（c 为常数）时，$\zeta_{ij} = 1$；当 y_i 与 s_i 相互独立时，$\zeta_{ij} = 0$，所以，当由相似系数构成的相似系数矩阵每行每列都有且仅有一个元素接近于 1，其他元素接近于 0 时，则可认为分离效果较为理想。表 2.6 中给出了仿真试验中所用 FastICA 算法及小波阈值算法的性能指数和相似系数矩阵。

表 2.6 FastICA 算法与小波阈值算法的分离性能指标

信噪分离方法	PI	相似系数矩阵 ζ_{ij}
FastICA 算法	0.0570	$\begin{pmatrix} 0.9996 & 0.0335 \\ 0.0126 & 0.9989 \end{pmatrix}$
小波阈值算法	0.1992	$\begin{pmatrix} 0.8637 & 0.1620 \\ 0.0140 & 0.9238 \end{pmatrix}$

从表 2.6 中可以看出，FastICA 算法的分离性能要比小波阈值算法好得多。与小波阈值算法相比，FastICA 算法的 PI 更加趋近于零，同时相似系数矩阵 ζ_{ij} 也更趋近于一个交换矩阵。

图 2.23 是爆破振动响应测试过程中采集到的第 20 炮次的监测数据，测点 1、测点 2 相距 0.1m，与爆源位于同一垂直平面内。从图 2.23 中可以看出，振动响应测试信号中噪声干扰较强，通过时程曲线已难以识别信号中的细节信息，并且噪声所占的频带范围很宽，极有可能影响对信号频谱分布特征的分析。对图 2.23 中振动响应测试信号进行基于 FastICA 算法的信噪分离可得如图 2.24 所示的逼近信号，通过信噪分离后的逼真信号波形曲线，图 2.25 相比图 2.23 中的测试信号要光滑平整得多，信号中的细节信息表现得更加清晰，FastICA 算法基本消除了由测试环境及其他因素带来的宽频噪声干扰；由分离后信号的功率谱可知，爆破振动响应信号的主要能量集中在 16～68Hz 的频带范围内。

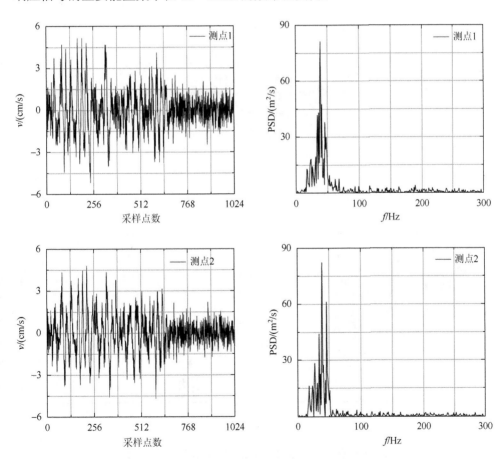

图 2.23　爆破振动响应测试信号时程曲线及功率谱

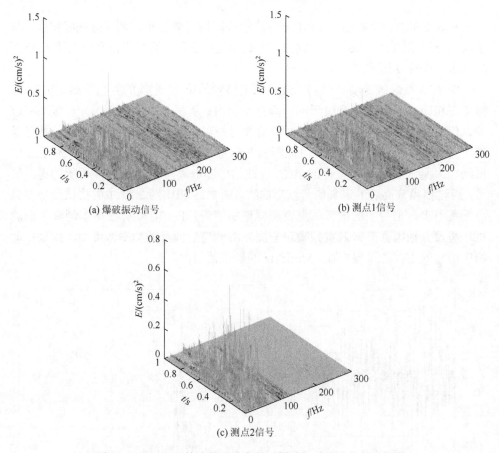

图 2.24 FastICA 算法信噪分离前后爆破振动响应信号时频谱

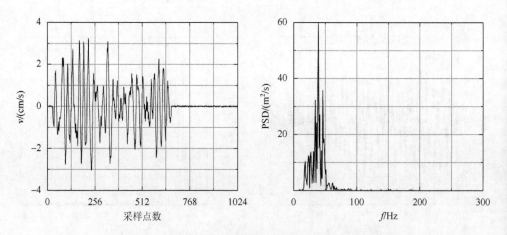

图 2.25 分离后的振动响应测试信号时程曲线及功率谱

对比图 2.24 中信噪分离前后爆破振动响应信号的时频谱可知，经过 FastICA 算法处理过的含噪信号中宽频分布的噪声能量较好地得到了抑制。在此基础上，依据能量值的大小可以做出信噪分离后信号的等能量分布图如图 2.26 所示，图中更加明显地展示了分离后振动响应信号的主频宽度及噪声能量的消除情况。

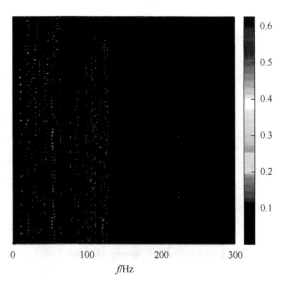

图 2.26　信噪分离后信号的等能量分布图

第 3 章　爆破地震波信号小波分析方法

由于爆破振动信号具有持时短、变换快的特点，是一种典型的非平稳信号，建立在平稳随机过程基础上的传统 Fourier 变换等方法，无法反映出问题的本质性特点。近年来，在数值信号分析中提出的新数学工具——小波变换，为非平稳随机信号特征研究提供了可能。

小波变换是一种信号的时频分析方法，具有多分辨分析特点，在时域和频域内均有表征信号局部特征的能力。小波变换在信号低频段具有较高频率分辨率和较低时间分辨率，而在高频段具有较高时间分辨率和较低频率分辨率。正是这种优越特征，使得小波分析方法在对各种非平稳信号分析处理中广泛应用。

3.1　小波变换的基本原理

3.1.1　基本思想

设所分析信号 $f(x)$ 为平方可积的能量有限信号，即 $f(x) \in L^2(R)$；V_j 表示在 2^{-j} 分辨率时所有逼近 $L^2(R)$ 空间的函数集合，为 $L^2(R)$ 的子空间：$V_j \subset L^2(R)$。

用 A_{2^j} 表示逼近算子，$f(x)$ 经它作用后得到信号在分辨率为 2^{-j} 的逼近。V_{j+1} 空间可由 V_j 导出，V_{j+1} 空间中的向量为 V_j 空间中向量 $f(x)$ 的伸缩，其伸缩比就是两空间的分辨率之比。

当分辨率为 2^{-j} 时，$f(x)$ 的逼近分量 $A_{2^j}[f(x)]$ 会丢失原 $f(x)$ 中的部分信息。但在分辨率为 $+\infty$ 时，函数的逼近分量可逼近原 $f(x)$；相反，当分辨率接近于零时，$f(x)$ 的逼近分量 $A_{2^j}[f(x)]$ 中所含有的原 $f(x)$ 的信息接近于零。

$$\lim_{j \to +\infty} V_{2^j} = \bigcup_{j=-\infty}^{+\infty} V_{2^j} \tag{3.1}$$

$$\lim_{j \to 0} V_{2^j} = \bigcap_{j=-\infty}^{+\infty} V_{2^j} = \{0\} \tag{3.2}$$

Mallat 称满足上述性质的向量空间集合 $\{V_{2^j}\}_{j \in \mathbf{Z}}$ 为 $L^2(R)$ 的多分辨逼近。逼近算子 A_{2^j} 是向量空间 V_{2^j} 上的正交投影算子。为了用数学形式表示这种算子的特征，可通过寻求 V_{2^j} 上正交基的方法进行变换。如果 $(V_{2^j})_{j \in \mathbf{Z}}$ 为 $L^2(R)$ 的多分辨逼近，则存在一个唯一的函数 $\phi(x) \in L^2(R)$ 为 V_{2^j} 上的一个正交基，并设 $\phi_{2^j}(x) = 2^j \phi(2^j x)_{j \in \mathbf{Z}}$，则

$$[2^{-j/2} \phi_{2^j}(x - 2^{-j} n)]_{n \in \mathbf{Z}} \tag{3.3}$$

为 V_{2^j} 上的一个正交基。而任何 V_{2^j} 的基可以通过对 $\phi(x)$ 的伸缩和平移（伸缩倍数为 2^j，平移量为 $2^{-j}n$，$n \in \mathbf{Z}$）来获得。对于一个给定的多分辨逼近 $\{V_{2^j}\}_{j \in \mathbf{Z}}$，存在一个唯一的函数 $\phi(x)$ 满足式（3.3），但是对于不同的多分辨逼近，函数 $\phi(x)$ 是不相同的。在小波变换理论中，称 $\phi(x)$ 为小波函数的多尺度分析生成元。

$f(x)$ 在多分辨逼近空间 V_{2^j} 上的正交投影可通过将 $f(x)$ 在向量空间 V_{2^j} 的正交基上进行分解得到，特别地，对 $\forall f(x) \in L^2(R)$，有

$$A_{2^j}[f(x)] = 2^{-j} \sum_{n=-\infty}^{+\infty} \langle f(u), \phi_{2^j}(u - 2^{-j} n) \rangle \phi_{2^j}(x - 2^{-j} n) \tag{3.4}$$

令

$$A_{2^j}^d f = [\langle f(u), \phi_{2^j}(u - 2^{-j} n) \rangle]_{n \in \mathbf{Z}} \tag{3.5}$$

由式（3.4）和式（3.5）可知，在分辨率为 2^{-j} 时，逼近分量 $A_{2^j}[f(x)]$ 可用 $A_{2^j}^d f(x)$ 表示；并称 $A_{2^j}^d f(x)$ 为原函数 $f(x)$ 在分辨率 2^{-j} 时的离散逼近，其内积可理解为点 $2^{-j} n$ 上的卷积：

$$\langle f(u), \phi_{2^j}(u - 2^{-j} n) \rangle = \int_{-\infty}^{+\infty} f(u) \cdot \phi_{2^j}(u - 2^{-j} n) \mathrm{d}u = [f(u) * \phi_{2^j}(-u)](2^{-j} n) \tag{3.6}$$

即

$$A_{2^j}^d f = ([f(u) * \phi_{2^j}(-u)](2^{-j} n))_{n \in \mathbf{Z}} \tag{3.7}$$

在小波变换中，$\phi(x)$ 等同于一个低通滤波器作用，而式（3.7）所表示的离散信号 $A_{2^j}^d$ 可理解为对 $f(x)$ 按照 2^{-j} 采样速率与 $\phi_{2^j}(x)$ 的作用结果。函数簇 $\{2^{-j/2} \phi_{2^j}(x - 2^{-j} n)_{n \in \mathbf{Z}}\}$ 是 V_{2^j} 上的正交函数基，则多尺度生成元函数 $\phi_{2^j}(x)$ 在固定尺度 j 时，$\forall n \in \mathbf{N}$ 就构成一个低通滤波器组。

3.1.2　小波变换的定义与性质

设 $\psi(t)$ 是一个平方可积函数，即 $\psi(t) \in L^2(R)$，若其傅里叶变换 $\hat{\psi}(\omega)$ 满足条件：

$$C_\psi = \int_R \frac{|\hat{\psi}(\omega)|^2}{|\omega|} \mathrm{d}\omega < \infty \tag{3.8}$$

则称 $\psi(t)$ 为一个基本小波或小波母函数，式（3.8）也称为小波函数的容许条件。

将小波母函数 $\psi(t)$ 进行伸缩和平移后，就可以得到一个小波序列。

连续小波序列为

$$\psi_{a,b}(t) = |a|^{-\frac{1}{2}} \psi\left(\frac{t-b}{a}\right), \quad a,b \in \mathbf{R}; \quad a \neq 0 \tag{3.9}$$

式中，a 为伸缩因子；b 为平移因子。

离散小波序列为

$$\psi_{j,k}(t) = 2^{-\frac{j}{2}} \psi(2^{-j} - k) \tag{3.10}$$

小波变换实质是将一个任意信号 $f(t)$ 以小波函数为基底进行展开，即将信号 $f(t)$ 表示为小波函数的线性组合。

任意信号的连续小波变换为

$$W_f(a,b) = \langle f, \psi_{a,b} \rangle = |a|^{-\frac{1}{2}} \int_R f(t) \overline{\psi\left(\frac{t-b}{a}\right)} \mathrm{d}t \tag{3.11}$$

其逆变换形式为

$$f(t) = \frac{1}{C_\psi} \iint_{R^2} [(W_\psi f)(a,b)] \psi_{a,b}(x) \frac{\mathrm{d}a}{a^2} \mathrm{d}b \tag{3.12}$$

式（3.11）中，$\langle f, \psi_{a,b} \rangle$ 为 $f(t)$ 与 $\psi_{a,b}$ 的内积；$\overline{\psi\left(\frac{t-b}{a}\right)}$ 为 $\psi\left(\frac{t-b}{a}\right)$ 的共轭函数，a 反映了 $\psi_{a,b}$ 所在频带上 $f(t)$ 对频率分布的贡献，b 是对 $t=b$ 及其邻域上基函数的局部化。而且 a 度量了频率的高低，与频率的取值具有反比例关系，即 a 越大，频率越低。

根据工程爆破上采集数据的特点与数据经离散化正交小波没有冗余分量的优点，因此，一般采用离散小波变换对工程爆破实测数据进行小波分析。对尺度函数 a 和平移函数 b 离散化，并取 $a = a_0^j$，$b = k a_0^j b_0$（其中 $j,k \in \mathbf{Z}$），扩展步长 $a_0 > 1$。则对应的离散小波函数 $\psi_{j,k}(t)$ 可表示为

$$\psi_{j,k}(t) = a_0^{-\frac{j}{2}} \psi\left(\frac{t - k a_0^j b_0}{a_0^j}\right) = a_0^{-\frac{j}{2}} \psi(a_0^{-j} t - k b_0), \quad j,k \in \mathbf{Z} \tag{3.13}$$

相应的离散小波变换系数可表示为

$$C_{j,k} = \int_{-\infty}^{\infty} f(t) \psi_{j,k}(t) \mathrm{d}t = \langle f, \psi_{j,k} \rangle \tag{3.14}$$

其重构公式为

$$f(t) = C \sum_{j=-\infty}^{\infty} \sum_{k=-\infty}^{\infty} C_{j,k} \psi_{j,k}(t) \tag{3.15}$$

式中，C 是一个与信号无关的常数。

实际应用中，最常用的是二进制动态采样网格，即取 $a_0 = 2$，$b_0 = 1$。每个网格点对应的尺度为 2^j，而平移为 $2^j k$，由此可得二进小波为

$$\psi_{j,k}(k) = 2^{-\frac{j}{2}} \psi(2^{-j} t - k), \quad j,k \in \mathbf{Z} \tag{3.16}$$

二进小波变换为

$$W_{2^j} f(k) = \langle f(t), \psi_{2^j}(t) \rangle = \frac{1}{2^j} \int_R f(t) \overline{\psi(2^{-j} t - k)} \, dt \tag{3.17}$$

其逆变换为

$$f(t) = \sum_{j \in \mathbf{Z}} W_{2^j} f(k) \psi_{2^j}(t) = \sum_{j \in \mathbf{Z}} \int W_{2^j} f(k) \psi_{2^j}(2^{-j} t - k) dk \tag{3.18}$$

3.1.3　小波变换的时频局域化特性

小波函数在时间-频率窗里，对应了一个形状和位置均可变的时间-频率窗，窗口的形状为矩形，如图 3.1 所示。矩形的一边代表时窗，另一边代表频率窗，时窗的中心为 $b + a\overline{t}$，宽度为 $2a\Delta t$，频率窗的中心为 $\dfrac{\overline{\omega}}{a}$，宽度为 $\dfrac{2\Delta\omega}{a}$，时频窗的面积为 $4\Delta t \Delta\omega$。由图 3.1 可知，当 a 变小时，时窗宽度变小，频率窗宽度变大，窗口中心向频率增大的方向移动；当 a 变大时，时

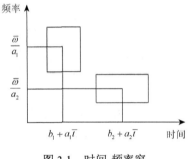

图 3.1　时间-频率窗

宽变大，频宽变小，窗口中心向时间增大的方向移动。但窗口的面积始终保持不变，即时频分辨率是相互制约的，不可能同时提高。

由此可见，小波变换是一种变分辨率的时频分析方法。当分析高频信号时（对应小尺度），时窗自动变窄，具有较高的时间分辨率和较低的频率分辨率；分析低频信号时（对应大尺度），时窗自动变宽，具有较高的频率分辨率和较低的时间分辨率，符合实际非平稳信号的高频信号变化迅速、低频信号变化缓慢的特点。小波函数在时域和频域同时具有良好局部化特性，被称为"数学显微镜"。

3.1.4　小波分解

实际上，信号都是有限分辨率的，采用小波变换对信号进行分析时，分解水平 j 并不是一个无穷值，即信号的小波变换分解尺度是有限的。

设 $A_0^d f$ 为 $f(x)$ 在分辨率为 $1(j=0)$ 时的离散逼近。小波变换的多分辨性质表明，由 $A_0^d f$ 可以计算出所有 $j < 0$ 时的不同分辨率下的离散逼近 $A_{2^j}^d f$。

设 $(V_{2^j})_{j \in \mathbf{Z}}$ 为 $L^2(R)$ 的多分辨逼近，$\phi_{2^j}(x)$ 为其多尺度生成元函数，$[2^{-\frac{(j+1)}{2}} \phi_{2^{j+1}} (x - 2^{-(j+1)}n)]_{n \in \mathbf{Z}}$ 为多分辨逼近向量空间 $V_{2^{j+1}}$ 的一个正交基。由小波函数的性质，函数 $\phi_{2^j}(x - 2^{-j}n)$ 是构成 V_{2^j} 正交基中的一个组成单元，且有 $V_{2^j} \subset V_{2^{j+1}}$，因而 $\phi_{2^j}(x - 2^{-j}n)$ 可以通过对 $V_{2^{j+1}}$ 中的正交基 $[2^{-(j+1)/2} \phi_{2^{j+1}} (x - 2^{-(j+1)}n)]_{n \in \mathbf{Z}}$ 求得

$$\phi_{2^j}(x - 2^{-j}n) = 2^{-(j+1)} \sum_{k=-\infty}^{+N} \langle \phi_{2^j}(u - 2^{-j}n), \phi_{2^{j+1}}(u - 2^{-(j+1)}k) \rangle \cdot \phi_{2^{j+1}}(x - 2^{-(j+1)}k) \quad (3.19)$$

式（3.19）表明，若已知高分辨率 $2^{-(j+1)}$ 空间的规范基函数 $2^{-(j+1)/2} \phi_{2^{j+1}}(x - 2^{-(j+1)}n)$，可求得低一级分辨率 2^{-j} 空间的规范基函数 $\phi_{2^j}(x - 2^{-j}n)$，替换内积中的变量为

$$2^{-(j+1)} \langle \phi_{2^j}(u - 2^{-j}n), \phi_{2^{j+1}}(u - 2^{-(j+1)}k) \rangle = \langle \phi_{2^{-1}}(u), \phi[u - (k - 2n)] \rangle \quad (3.20)$$

式（3.19）两边对 $f(x)$ 求内积得

$$\langle f(u), \phi_{2^j}(u - 2^{-j}n) \rangle = \sum_{k=-\infty}^{+\infty} \langle \phi_{2^{-1}}(u), \phi[u - (k - 2n)] \rangle \cdot \langle f(u), \phi_{2^{j+1}}(u - 2^{-(j+1)}k) \rangle$$

$$(3.21)$$

设 H 为一离散滤波器，其冲击响应为

$$\forall n \in \mathbf{Z}, \quad h(n) = \langle \phi_{2^{-1}}(u), \phi(u - n) \rangle \quad (3.22)$$

则 H 的镜像滤波器 $\tilde{H}$ 的冲击响应为 $\tilde{h}(n) = h(-n)$，$n \in \mathbf{Z}$，式（3.22）可写为

$$\langle f(u), \phi_{2^j}(u - 2^{-j}n) \rangle = \sum_{k=-\infty}^{+\infty} \langle \phi_{2^{-1}}(u), \phi[u - (k - 2n)] \rangle \cdot \langle f(u), \phi_{2^{j+1}}(u - 2^{-(j+1)}k) \rangle$$

$$= \sum_{k=-\infty}^{+\infty} \tilde{h}(2n - k) \langle f(u), \phi_{2^{j+1}}(u - 2^{-(j+1)}k) \rangle \quad (3.23)$$

式（3.23）表明，$A_{2^j}^d f$ 值可由 $A_{2^{j+1}}^d f$ 与滤波器 $\tilde{H}$ 的卷积来求取。从而在 $j < 0$ 时，不同分辨率的离散逼近 $A_{2^j}^d f$ 可由式（3.23）对 $A_1^d f$（即原信号函数）与 $\tilde{H}$ 反复作用获得，此算法即为 Mallat 塔式算法。小波分析的 Mallat 塔式算法分解示意图如图 3.2 所示。

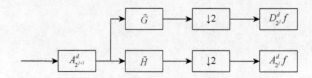

图 3.2 小波分析的 Mallat 塔式算法分解示意图

↓代表一次卷积运算

在小波的多分辨分析中，当 $j=0$ 时，$cA_0=S$；在每一分辨率下，j 水平的分解系数（逼近分量 cA_j 和细节分量 cD_j）由上一水平 $j+1$ 的信号逼近分量 cA_{j+1} 经由不同的滤波器作用得到。

3.1.5　小波重构

由于 V_{2^j} 在 $V_{2^{j+1}}$ 中的正交补 $[\sqrt{2^{-j}}\phi_{2^j}(x-2^{-j}n),\sqrt{2^{-j}}\psi_{2^{-j}}(x-2^{-j}n)]_{n\in\mathbf{Z}}$ 是 $V_{2^{j+1}}$ 的正交规范基，对任意的 $n>0$，函数 $\phi_{2^{j+1}}(x-2^{-(j+1)}n)$ 可分解为

$$\phi_{2^{j+1}}(x-2^{-(j+1)}n)=2^{-j}\sum_{k=-\infty}^{+\infty}\langle\phi_{2^j}(u-2^{-j}k),\phi_{2^{j+1}}(u-2^{-(j+1)}n)\rangle\cdot\phi_{2^j}(x-2^{-j}k)$$
$$+2^{-j}\sum_{k=-\infty}^{+\infty}\langle\psi_{2^j}(u-2^{-j}k),\phi_{2^{j+1}}(u-2^{-(j+1)}n)\rangle\cdot\psi_{2^j}(x-2^{-j}k) \quad (3.24)$$

根据前面对滤波器 H 和 K 的定义，对式（3.24）进行整理得

$$\langle f(x),\phi_{2^{j+1}}(x-2^{-j+1}n)\rangle=2\sum_{k=-\infty}^{+\infty}h(n-2k)\cdot\langle f(x),\phi_{2^j}(x-2^{-j}k)\rangle$$
$$+2\sum_{k=-\infty}^{+\infty}g(n-2k)\cdot\langle f(x),\psi_{2^j}(x-2^{-j}k)\rangle \quad (3.25)$$

由逼近分量 $(A_{2^j}^d f)$ 和细节分量 $(D_{2^j}^d f)$ 的定义，式（3.25）表明信号 $j+1$ 水平的小波变换逼近分量可由 $A_{2^j}^d f$ 和 $D_{2^j}^d f$ 与滤波器 H 和 G 卷积作用得到，如图 3.3 所示。

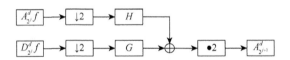

图 3.3　小波分析的 Mallat 塔式算法合成示意图
● 代表算子

小波重构公式为

$$c_{j-1,n}=\sum_n c_{j,n}h_{k-2n}+\sum_n d_{j,n}g_{k-2n} \quad (3.26)$$

3.2　适用于爆破振动信号分析的最佳小波基选取

小波函数库经过十多年的发展已变得越来越丰富，当前已有 Harr 基、Morlet

基、Daubechies 系列、Coiflets 系列、墨西哥草帽基和 Symlets 小波系及样条小波等常用的小波函数。

　　本节在进行爆破地震波小波分析时，充分地比较了上述小波函数用于分析爆破振动信号方面的优缺点，实际应用表明，Daubechies5 小波（简称为 db5 小波）具有较好的紧支撑性、光滑性、消失矩及近似对称性，可采用该小波作为爆破振动信号小波变换与重构分析的基本小波函数。db5 小波函数与其尺度函数滤波器系数如表 3.1 所示，db5 小波函数和相应尺度函数及其滤波器曲线如图 3.4 所示。

表 3.1　db5 小波函数与其尺度函数滤波器系数

n	滤波器 h_n 系数	滤波器 g_n 系数	重构滤波器 $\tilde{h}_n$ 系数	重构滤波器 $\tilde{g}_n$ 系数
0	0.00333572528500	−0.16010239797413	0.16010239797413	0.00333572528500
1	−0.01258075199902	0.60382926979747	0.60382926979747	0.01258075199902
2	−0.00624149021301	−0.72430852843857	0.72430852843857	−0.00624149021301
3	0.07757149384007	0.13842814590110	0.13842814590110	−0.07757149384007
4	−0.03224486958503	0.24229488706619	−0.24229488706619	−0.03224486958503
5	−0.2422948870661	−0.03224486958503	−0.03224486958503	0.24229488706619
6	0.13842814590110	−0.07757149384007	0.07757149384007	0.13842814590110
7	0.72430852843857	−0.00624149021301	−0.00624149021301	−0.72430852843857
8	0.60382926979747	0.01258075199902	−0.01258075199902	0.60382926979747
9	0.16010239797413	0.00333572528500	0.00333572528500	−0.16010239797413

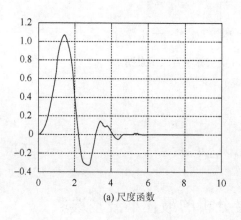

(a) 尺度函数

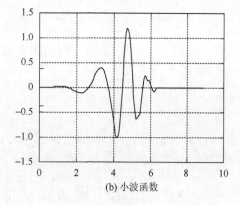

(b) 小波函数

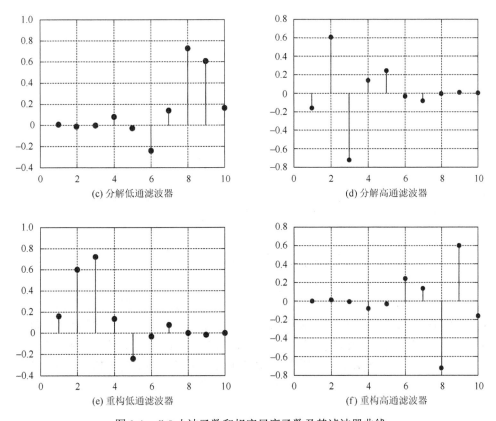

图 3.4　db5 小波函数和相应尺度函数及其滤波器曲线

为分析的方便，在进行信号重构时，只采用 $j=-1$ 时的分解信号来进行信号重构。由图 3.5 可以看出，原始爆破振动信号和重构信号几乎完全一样，只有微小

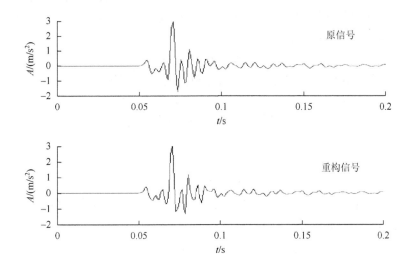

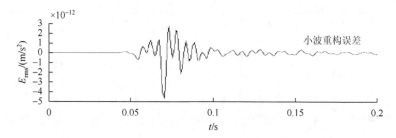

图 3.5　信号 db5 小波分解与重构对比

的误差，其重构均方根误差 E_{rms} 数量级仅为 10^{-12}。在爆破振动测试信号分析过程中，采用小波基 db5 进行信号分析是完全可行的。

3.3　爆破振动信号的小波去噪研究

在爆破振动测试中，由于环境的影响，测试信号往往受到各种干扰信号的影响，如电磁场干扰、放电噪声和机械干扰等，测试信号中总是不可避免地带有噪声，而噪声会影响到爆破振动分析的精度，需要对爆破振动信号进行去噪处理。

基于 Donoho 和 Johnstone[58, 59]提出的小波变换系数阈值收缩原理，采用软阈值去噪方法对爆破振动信号进行小波去噪研究。

3.3.1　爆破振动含噪信号经小波分解后的特性

由统计检测理论可知，在信号波形确知情况下，最佳检测器为匹配滤波器，而当信号波形未知时，通常用广义似然比检测（generalized likelihood ratio tests，GLRT），即在似然比检测中，对未知信号进行最大似然估计。

设含噪信号数学模型为

$$x(t) = s(t) + n(t) \tag{3.27}$$

式中，$s(t)$ 为待分析原始信号；$n(t)$ 为噪声；$x(t)$ 为所测被噪声污染信号。

原始信号和噪声分别用一组正交基表示为

$$s(t) = \sum_i C_i^f \psi_i(t), \quad n(t) = \sum_i C_i^n \psi_i(t) \tag{3.28}$$

由线性关系得

$$C_i^x = C_i^s + C_i^n \tag{3.29}$$

一般情况下，总是假设噪声分布为高斯分布。为更符合实际情况，假设噪声分布满足 Huber 分布，即

$$P_\varepsilon = \{(1-\varepsilon)\Phi + \varepsilon G : G \in F\} \tag{3.30}$$

式中，Φ 为标准正态分布；$\varepsilon \in (0,1)$ 为调控因子；F 为一组相匹配的光滑分布函数。这时，当分布函数 $f_H(c) \in P_\varepsilon$ 满足

$$f_H(c) = \begin{cases} (1-\varepsilon)\phi_\delta(a)ce^{\frac{ac+a^2}{\delta^2}}, & c \leqslant -a \\ (1-\varepsilon)\phi_\delta(a), & -a < c < a \\ (1-\varepsilon)\phi_\delta(a)ce^{\frac{ac+a^2}{\delta^2}}, & a \leqslant c \end{cases} \tag{3.31}$$

其负熵 $\int f \cdot \lg f \mathrm{d}x$ 为极小。式（3.31）中，ϕ_δ 为均值为零、方差为 δ^2 的正态分布函数，而参数 a 与调控因子 ε 满足：

$$2\left[\frac{\delta^2 \cdot \phi_\delta(a)}{a} - \Phi(-a)\right] = \frac{\varepsilon}{1-\varepsilon} \tag{3.32}$$

因为负熵 $\int f \cdot \lg f \mathrm{d}x$ 是 f 的凸函数，而 P_ε 也为凸函数。从而仅需证明对任意分布函数 $f_\lambda \in P_\varepsilon$ 满足关系式：

$$\frac{\partial}{\partial \lambda} H(f_\lambda)|_{\lambda=0} \geqslant 0 \tag{3.33}$$

即可。式（3.33）中，H 表示负熵，即 $H = \int f \cdot \lg f \mathrm{d}x$。

因为

$$\begin{aligned} \frac{\partial}{\partial \lambda} H(f_\lambda) &= \int \frac{\partial}{\partial \lambda} f_\lambda \lg f_\lambda \mathrm{d}c \\ &= \int \frac{\partial}{\partial \lambda}[(1-\lambda)f_H + \lambda f] \cdot \lg[(1-\lambda)f_H + \lambda f]\mathrm{d}c \\ &= \int (f - f_H)\lg[(1-\lambda)f_H + \lambda f]\mathrm{d}c + \int (f - f_H)\mathrm{d}c \end{aligned} \tag{3.34}$$

因为 f 与 f_H 都是分布函数，$\int f \mathrm{d}c = \int f_H \mathrm{d}c = 1$，所以 $\int (f - f_H)\mathrm{d}c = 0$，由式（3.33）可得

$$\frac{\partial}{\partial \lambda} H(f_\lambda)|_{\lambda=0} = \int (f - f_H) \cdot \lg f_H \mathrm{d}c \tag{3.35}$$

又由式（3.31）可得

$$\lg f_H(c) = \begin{cases} \lg(1-\varepsilon)\phi(a) + (ac + a^2), & c \leqslant -a \\ \lg(1-\varepsilon)\phi(a) + \dfrac{1}{2}(-c^2 + a^2), & -a < c < a \\ \lg(1-\varepsilon)\phi(a) + (-ac + a^2), & a \leqslant c \end{cases} \tag{3.36}$$

由于 $\int (f - f_H)\lg(1-\varepsilon)\phi(a)\mathrm{d}c = 0$，这样式（3.35）等号右边可改为

$$\int (f - f_H) \lg f_H \mathrm{d}c = \int_{-\infty}^{-a} (f - f_H)(ac + a^2)\mathrm{d}c$$
$$+ \frac{1}{2}\int_{-a}^{a} (f - f_H)(-c^2 + a^2)\mathrm{d}c$$
$$+ \int_{a}^{+\infty} (f - f_H)(-ac + a^2)\mathrm{d}c \qquad (3.37)$$

考虑 $-a < c < a$ 时，对于一些 $g \in F$，$f = (1-\varepsilon)\phi + \varepsilon g$，而 $f_H = (1-\varepsilon)\phi$，所以 $f - f_H = \varepsilon g \geqslant 0$，$-c^2 + a^2 \geqslant 0$，式（3.37）中右侧中间项为非负数，且

$$\int_{-\infty}^{-a} (f - f_H)\mathrm{d}c + \int_{a}^{+\infty} (f - f_H)\mathrm{d}c \leqslant 0 \qquad (3.38)$$

当 $c \leqslant -a$ 时，$ac + a^2 \leqslant 0$，而当 $a \leqslant c$ 时，$-ac + a^2 \leqslant 0$，可得

$$\int_{-\infty}^{-a} (f - f_H)(ac + a^2)\mathrm{d}c + \int_{a}^{+\infty} (f - f_H)(-ac + a^2)\mathrm{d}c \geqslant 0 \qquad (3.39)$$

即式（3.35）成立。

由于

$$\int_{-\infty}^{-a} (1-\varepsilon)\phi(a)\mathrm{e}^{ac+a^2}\mathrm{d}c = \int_{a}^{+\infty} (1-\varepsilon)\phi(a)\mathrm{e}^{-ac+a^2}\mathrm{d}c = (1-\varepsilon)\frac{\phi(a)}{a} \qquad (3.40)$$

$$\int_{-a}^{a} (1-\varepsilon)\phi_{\delta}(a)\mathrm{d}c = (1-\varepsilon)[\Phi(a) - \Phi(-a)] = (1-\varepsilon)[1 - 2\Phi(-a)] \qquad (3.41)$$

因此，只需将式（3.40）和式（3.41）的结果代入 $\int f_H \mathrm{d}c = 1$ 即可获得分布函数 $f_H(c)$。

设 $C^N = \{C_1^x, C_2^x, \cdots, C_N^x\}$ 为一组小波变换系数，其中有 K 个小波变换系数含有信号信息，而其余的小波变换系数则为纯噪声变换系数，即

$$C_i^x = \begin{cases} C_i^s + C_i^n, & i = 1, 2, \cdots, K \\ C_i^n, & \text{其他} \end{cases} \qquad (3.42)$$

假设纯噪声系数 $\{C_i^n\}$ 是由具有 Huber 概率分布的随机变量的独立抽样得到的。这样当 $i = 1, 2, \cdots, K$ 时，小波变换系数 C_i^x 满足 $f_H(c - C_i^x)$ 的概率分布，否则就满足 $f_H(c)$ 的概率分布，因此，似然函数为

$$\ell(C^N; K) = \prod_{i \leqslant K} f_H(C_i^x - C_i^s) \prod_{i \geqslant K} f_H(C_i^x) \qquad (3.43)$$

若用 $\{\hat{C}_i^s\}$ 表示信号估计值，由于分布函数 f_H 对称，在原点取极大值函数。当 $\hat{C}_i^s = C_i^x (i = 1, 2, \cdots, K)$ 时，式（3.43）所示似然函数取极大值，其大小为

$$\ell^*(C^N; K) = \prod_{i \leqslant K} f_H(0) \prod_{i \geqslant K} f_H(C_i^x) \qquad (3.44)$$

3.3.2 阈值函数与阈值选择

由于在 N 个系数中，有 K 个系数含有信号，而它们的位置与 $2K$ 个自由参数

相关。根据最小化长度描述准则（minimum description length criterion，MDL），则有数据长度与似然函数关系为

$$L(C^N;K) = -\lg \ell^*(C^N;K) + \frac{1}{2}(2K)\lg N \tag{3.45}$$

这样，数据长度与似然函数的关系问题就变成了优化参数 K 的问题：

$$L(C^N;K) = -\sum_{i \leqslant K} \lg f_H(0) - \sum_{i \geqslant K} \lg f_H(C_i^x) + K \lg N \tag{3.46}$$

略去式（3.46）中与 K 无关的项，则问题即为使 $\tilde{L}(C^N;K) = \frac{1}{2\delta^2}\sum_{i \geqslant K}\eta(C_i^x) + K\lg N$

极小化，式中

$$\eta(C) = \begin{cases} C^2, & |C| < a \\ a|C| - a^2, & \text{其他} \end{cases} \tag{3.47}$$

函数 $\eta(C)$ 与 Huber 分布函数 f_H 中的幂指数成正比。

$$\tilde{L}(C^N;K) - L(C^N;K-1) = -\lg f_H(0) + \lg f_H(C_K^x) + \lg N < 0$$

$$\Rightarrow \lg f_H(C_K^x) < \lg \frac{1-\varepsilon}{\sqrt{2\pi}\delta} - \lg N \tag{3.48}$$

当 $|C_K^x| < a$ 时，由式（3.31）得

$$\lg f_H(C_K^x) = \lg \frac{1-\varepsilon}{\sqrt{2\pi}\delta} - \frac{(C_K^x)^2}{2\delta^2} \tag{3.49}$$

将式（3.49）代入式（3.48）得

$$|C_K^x| > \delta\sqrt{2\lg N} \tag{3.50}$$

当 $|C_K^x| > a$ 时，由式（3.31）可得

$$\lg f_H(C_K^x) = \lg \frac{1-\varepsilon}{\sqrt{2\pi}\delta} + \frac{a^2}{2\delta^2} - \frac{a|C_K^x|}{\delta^2} \tag{3.51}$$

将式（3.51）代入式（3.48）得

$$|C_K^x| > \frac{a}{2} + \frac{\delta^2}{2}\lg N \tag{3.52}$$

类似地，若设

$$L(C^N;K) - L(C^N;K+1) = -\lg f_H(0) + \lg f_H(C_{K+1}^x) - \lg N < 0 \tag{3.53}$$

可证明，当 $|C_K^x| < a$ 时，$|C_{K+1}^x| < \delta\sqrt{2\lg N}$；当 $|C_K^x| > a$ 时，$|C_K^x| < \frac{a}{2} + \frac{\delta^2}{2}\lg N$。从而得出小波变换系数的阈值取舍准则：

（1）当数据长度 N 满足 $N > \dfrac{a^2}{2\delta^2}$ 时，将满足条件

$$T = |C_i^x| < \frac{a}{2} + \frac{\delta^2}{2} \lg N \tag{3.54}$$

的小波系数舍去，即小波变换系数置零，否则保留。

（2）当数据长度 N 满足 $N \leqslant \dfrac{a^2}{2\delta^2}$ 时，将满足条件

$$T = |C_i^x| > \delta \sqrt{2 \lg N} \tag{3.55}$$

的小波系数保留，否则舍去。

在求得阈值以后，有两种在信号上作用阈值的方法，一种是令绝对值小于阈值的信号点的值为零，称为硬阈值，这种方法的缺点是在某些点产生间断，另一种软阈值方法是在硬阈值基础上将边界出现不连续点收缩到零，两种方法对信号作用的结果如图 3.6 所示。

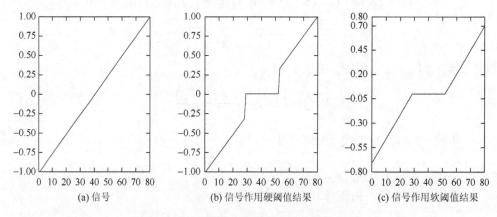

(a) 信号　　　　　　　(b) 信号作用硬阈值结果　　　　　(c) 信号作用软阈值结果

图 3.6　硬阈值和软阈值对信号作用的结果

硬阈值的思想比较简单，而软阈值作用有优良的数学特性，同时其理论结果也是可行的，采用软阈值作用，阈值由上面的准则确定。

有了以上的阈值准则，采用以下步骤进行爆破振动信号的去噪处理。

（1）对含噪的爆破振动信号进行小波分解。

（2）对各个分解尺度下高频系数进行软阈值量化处理，按式（3.54）和式（3.55）进行小波系数取舍，除去由纯噪声产生的小波系数，保留含有信号信息的小波系数。

（3）根据小波分解的底层低频系数和各层保留信号信息的高频系数进行重构，可获得去噪后的爆破振动信号。

3.3.3　算法应用实例

采用小波基 db5，按上述步骤对图 3.7（a）所示的含噪爆破振动信号进行小波阈值去噪处理，可获得去噪后的爆破振动信号如图 3.7（b）所示，降噪后的信号在原信号的能量成分为 98.55%。从图 3.7 中可以看出，在原波形中，由于受到噪声的干扰，真实的爆破地震波变得无法辨认，而爆破振动信号经小波阈值去噪后，测试信号振动特征在去噪波形中表现得更加清晰，多段微差爆破地震波各段信号特征可以明显得到识别。采用基于 Donoho 和 Johnstone 提出的小波阈值去噪法能有效地去除爆破振动信号中的噪声，提高数据分析的可靠性和准确性。

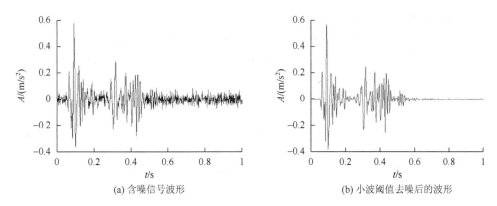

(a) 含噪信号波形　　　　　　　　　　(b) 小波阈值去噪后的波形

图 3.7　爆破地震波的小波阈值去噪结果与原信号曲线对比

3.4　爆破振动信号的小波能量时频分布特征分析

3.4.1　爆破振动信号不同频带的能量表征

由于小波变换具有等距特性，即函数 $f(t)$ 的小波变换是能量守恒的，根据内积定理（Moyal 定理）和式（3.8），有式（3.56）成立：

$$\frac{1}{C_\psi}\int_R \frac{\mathrm{d}a}{a^2}\int_R |W_f(a,b)|^2\, \mathrm{d}b = \int_R |f(t)|^2\, \mathrm{d}t \tag{3.56}$$

式（3.56）表明，小波变换幅度平方的积分同被分析信号能量成正比。众所周知，在非平稳随机信号的研究中，由于受海森伯（Heisenberg）测不准原理的限制，人们不能确定时-频相空间中某一点的瞬时能量密度，即某一特定时刻某一频率处能量的说法在概念上是不存在的。但在式（3.56）中，可以把 $\frac{1}{a^2}C_\psi |W_f(a,b)|^2$

看作 (a,b) 平面上的能量密度函数，因而可把 $\dfrac{1}{a^2}C_\psi \mid W_f(a,b)\mid^2$ 看作以尺度 a 和时间 b 为中心的、尺度间隔为 Δa、时间间隔为 Δb 的能量。根据能量密度的概念，式（3.56）可以写成：

$$\int_R \mid f(t)\mid^2 \mathrm{d}t = \int_R E(b)\mathrm{d}b \tag{3.57}$$

式中

$$E(b) = \frac{1}{C_\psi}\int_R \frac{1}{a^2}\mid W_f(a,b)\mid^2 \mathrm{d}a \tag{3.58}$$

小波变换中，尺度 a 在一定意义上对应于频率 ω，因此式（3.58）给出了信号所有频带的能量随时间 b 的分布情况。

实际应用中，在多分辨率分析条件下，将爆破振动信号 $s(t)$ 分解到不同的频率带上，通过离散小波变换的分层分解对不同频率范围内振动分量时间变化规律加以分析，从而可以给出爆破振动信号能量的时-频分布特征。采用二进小波时，信号 $s(t)$ 满足如下分层分解关系：

$$s(t) = f_1(t) + g_1(t) = f_2(t) + g_2(t) + g_1(t) = \cdots = f_j(t) + g_j(t) + g_{j-1}(t) + \cdots + g_1(t)$$

$$\Rightarrow s(t) = f_j(t) + \sum_{i=1}^{j} g_i(t) \tag{3.59}$$

式中，$f_j(t)$ 为爆破振动信号 $s(t)$ 小波分解的低频部分；$g_i(t)$ 为爆破振动信号 $s(t)$ 小波分解的高频部分，下标表示所对应的分解层次。

为了使表达简洁，令 $f_j(t) = g_0(t)$，则式（3.59）可以表示为

$$s(t) = \sum_{i=0}^{j} g_i(t) \tag{3.60}$$

由上述分析可知，将爆破振动信号分解到不同频带，而在各频带的爆破振动分量仍然是关于时间变换的信号。

对爆破振动信号进行离散小波变换分层分解后，可以对不同频带范围内信号分量的时间变化规律加以分析，从而给出不同频带爆破振动分量能量的时频特征，而且离散小波变换可较好地解决被分析信号的冗余度问题。

如果将爆破振动信号 $s(t)$ 进行层次为 j 的小波分解和重构，根据式（3.60）可得信号的总能量 E_0 为

$$E_0 = \int_{-\infty}^{+\infty} s^2(t)\mathrm{d}t = \sum_{i=0}^{j}\int_{-\infty}^{+\infty} g_i^2(t)\mathrm{d}t + \sum_{m\neq n}\int_{-\infty}^{+\infty} g_m(t)g_n(t)\mathrm{d}t \tag{3.61}$$

由小波函数的正交性可知，式（3.61）中的 $\sum\limits_{m\neq n}\int_{-\infty}^{+\infty} g_m(t)g_n(t)\mathrm{d}t$ 为零。因此，式（3.61）又可以简化为

$$E_0 = \sum_{i=0}^{j} \int_{-\infty}^{+\infty} g_i^2(t)\mathrm{d}t = \sum_{i=0}^{j} E_i \tag{3.62}$$

式中，E_i 为爆破振动分量的小波频带能量，即

$$E_i = \int_{-\infty}^{+\infty} g_i^2(t)\mathrm{d}t, \quad g_0(t) = f_j(t) \tag{3.63}$$

由此可得，不同频带爆破地震分量的相对能量分布为

$$\frac{E_i}{E_0} = \frac{\int_{-\infty}^{+\infty} g_i^2(t)\mathrm{d}t}{\sum_{i=0}^{j} \int_{-\infty}^{+\infty} g_i^2(t)\mathrm{d}t} \tag{3.64}$$

由于爆破振动信号采样数据点数的有限性，设离散采样点数为 N，可将式（3.62）表示为

$$E_0 = \sum_{n=1}^{N} |f(n)|^2 = \sum_{n=1}^{N} |a_j(n)|^2 + \sum_{i=1}^{j} \sum_{n=1}^{N} |d_i(n)|^2 \tag{3.65}$$

式中，$a_j(n)$ 为爆破振动信号小波分解近似部分；$d_i(n)$ 为细节部分。

由式（3.65）可得，各频带爆破地震分量的小波频带能量为

$$E_0 = \sum_{n=1}^{N} |a_j(n)|^2, \quad E_i = \sum_{n=1}^{N} |d_i(n)|^2, \quad i = 1, 2, \cdots, j \tag{3.66}$$

式（3.66）表明，各频带爆破地震分量小波频带能量可由该分解水平下的小波系数幅度的平方和来表示，从而小波系数 $a_j(n)$ 的幅度反映了在离散时间序列 n 处信号的能量密度。

3.4.2　爆破振动信号的小波分解

将图 3.8 所示的爆破振动信号用 db5 小波分别进行分解深度为 8 层的离散小波分解，编制计算程序，运行后得到离散小波变换的深度如图 3.9 所示，其表达的意义为，亮度高的地方小波系数大，亮度低的地方小波系数小，从图 3.9 中就可以直观了解小波系数在时间-分解层次平面上的分布。

实测结果与重构信号的相对误差如图 3.10 所示。从图 3.10 中可以看出，重构信号与实测信号的误差量级在 10^{-12} 以上，可完全满足工程计算和分析要求。

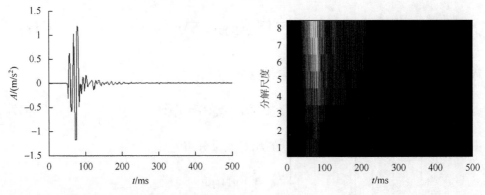

图 3.8　实测爆破振动垂向加速度时程曲线　　　　图 3.9　离散小波变换的深度图

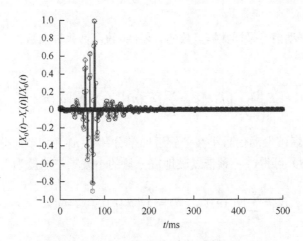

图 3.10　实测结果与重构信号的相对误差

　　用 db5 小波进行 8 个层次分解后的信号重构结果如图 3.11 所示。它们分别对应 8 个频带,各频带包含的频带频率范围如表 3.2 所示。

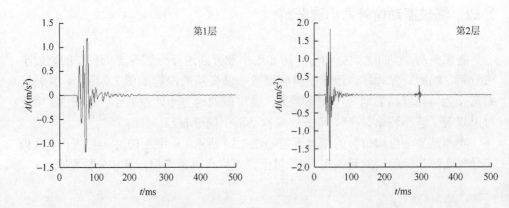

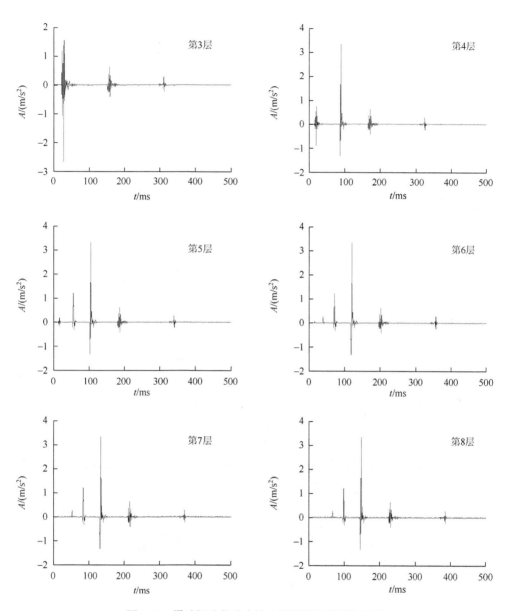

图 3.11   爆破振动信号小波分解后的信号重构结果

表 3.2   小波分解系数重构信号各频带频率范围

频带编号	1	2	3	4	5	6	7	8
频带频率 范围/Hz	0～4	4～8	8～16	16～32	32～64	64～128	128～256	256～512

3.4.3 爆破振动信号不同频带能量分布规律

根据小波变换的分层重构信号可以得到在不同频带上的振动峰值加速度及相对能量分布，如图 3.12 和图 3.13 所示。

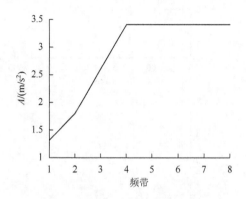

图 3.12　不同频带上的振动峰值加速度　　　　图 3.13　不同频带上的相对能量分布

由图 3.12 和图 3.13 可知，虽然爆破振动信号能量在频域上分布比较广泛，但能量大部分集中于低频带上。在频带 5～8 上的爆破振动峰值加速度相当大，但所对应的相对能量较小。事实上，由图 3.13 中的结果不难看出，在高频带上振动随时间的衰减速度非常快，仅从相对能量分布分析无法发现这一特点，而基于小波变换的时-频分析方法可以获得这些细节信息。

根据小波变换的结果还可以给出爆破振动的 PSD 的分布情况，如图 3.14 所示。图 3.14 中给出了应用傅里叶变换所得到的 PSD 分布结果。

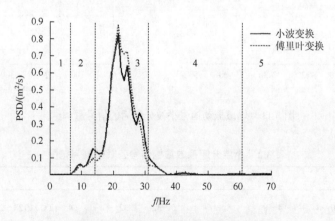

图 3.14　爆破振动信号的功率谱分布

　　小波变换和傅里叶变换结果除了在频带 2 和 3 之间的部分存在一定的差异，它们在总体变换规律上具有较好的一致性。由于在频带 5 以上的频率部分包含的 PSD 较小，从图 3.14 中难以分辨，图 3.14 只给出了频带 5 以下的 PSD 分布情况。

　　从以上分析可以看出，与傅里叶变换相比，小波变换能够给出爆破振动能量的时-频分布特征，因此它可以更好地满足爆破振动非平稳随机特征分析的要求。时程信号经小波变换后，被分解成为不同频率水平下的小波系数之和，由于小波系数仍具有时程特性，从而可以对信号在时-频域内进行更细致的观察。

　　对于具有复杂频率成分的爆破振动信号来说，频带成分比较宽，小波变换可以弥补在对爆破振动信号进行分析时傅里叶变换在频域上的缺陷。因此，对爆破振动信号进行小波变换就为我们提供了一个在时-频域进行信号能量分析的有效途径。

　　由上述应用实例的分析也可以看出，在实际爆破振动中高频振动的峰值强度可能比低频振动要大得多，由于其随时间衰减速度很快，作用能量较小，在爆破振动的频谱特征中一般将它忽略不计。

3.5　影响爆破振动信号不同频带能量分布特征因素的小波变换研究

　　通过对爆破振动测试数据分析可知，影响爆破振动信号波形特征的因素很多，如药量、距离、微差雷管段位时间间隔和爆破场地条件等。

　　由萨道夫斯基经验公式可知，在一定场地条件下，药量和距离对爆破振动强度影响最大。因而本节采用小波变换分析段药量和测点至爆源距离两个主要爆破参量对爆破振动信号各频带能量分布的影响，从能量角度研究爆破地震波的衰减规律。

3.5.1　段药量对爆破振动信号不同频带能量分布的影响

1. 选取分析用数据

　　本节用于分析的爆破振动信号如表 3.3 所示（同一测点，不同炮次，药量为单段单孔药量），相应的加速度时程曲线如图 3.15 所示。

表 3.3　测点至爆源距离相同、段药量不同的爆破地震波参数

信号序号	试验炮次	段药量 q/kg	测点至爆源距离 R/m	加速度峰值 A/(m/s²)
1	2	13.6	92	1.180
2	8	21.0	92	2.712
3	6	29.4	92	3.488
4	10	45.2	92	3.750

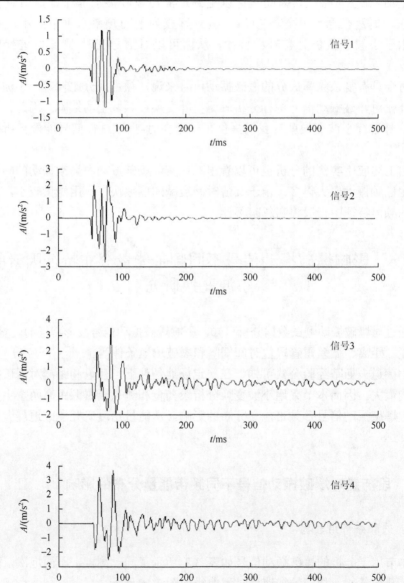

图 3.15　测点至爆源距离相同、段药量不同的实测爆破振动加速度时程曲线

2. 爆破振动信号能量的小波变换

由于爆破振动信号的频率一般在 200Hz 以下,根据小波分解原理及采样定理,测得信号采样频率为 1024Hz,则其奈奎斯特频率为 512Hz。因此,对图 3.15 所示的爆破振动信号采用 db5 小波进行分解尺度为 8 的小波分解。

编制相应的 MATLAB 计算程序,从而获得上述爆破振动信号的各频带能量分布情况及信号的总能量,如表 3.4、表 3.5 和图 3.16 所示。

表 3.4　测点至爆源距离相同、段药量不同的爆破地震波各频带能量

频带分布范围/Hz	信号序号			
	1	2	3	4
0~4	0.0052	0.0012	0.0198	0.0109
4~8	0.1120	0.2206	0.1627	0.2807
8~16	0.1790	0.6372	0.9447	1.4338
16~32	0.2066	0.5101	0.8403	0.7406
32~64	0.2843	0.1504	0.0962	0.0478
64~128	0.1677	0.1574	0.0464	8.0709×10^{-4}
128~256	0.0088	0.0093	0.0003	5.0286×10^{-5}
256~512	0.0046	0.0192	0.0002	3.5200×10^{-5}
总和	0.9682	1.56908	2.1149	2.5143

注: 表中只列出 0~512Hz 的分布,高于 512Hz 的未列出,所以总和是正确的,下面表的情况类似。

表 3.5　测点至爆源距离相同、段药量不同的爆破地震波各频带的能量分布百分比

频带分布范围/Hz	信号序号			
	1	2	3	4
0~4	0.5336	0.7133	0.9369	0.4346
4~8	11.5706	13.0478	7.6971	11.1653
8~16	18.4836	37.6866	44.6679	57.0257
16~32	21.3365	30.1708	39.7341	29.4571
32~64	29.3645	8.8952	4.5494	1.9014
64~128	17.3256	9.3094	2.1942	0.0132
128~256	0.9096	0.0553	0.1202	0.0020
256~512	0.4760	0.0669	0.1002	0.0014
总和	100	100	100	100

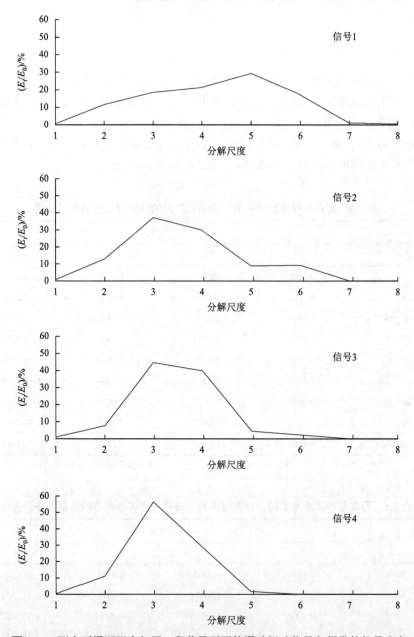

图 3.16　测点至爆源距离相同、段药量不同的爆破振动信号各频带的能量分布

3. 结果分析

通过对上述四个爆破振动信号不同频带能量特征的对比分析，得到了段药量对爆破振动信号不同频带能量分布影响的规律：

（1）随着段药量增加，爆破振动强度增加，爆破振动信号总能量也增加。

（2）随着段药量增加，爆破振动信号低、中频带能量也增加，而高频带能量增幅较缓，有时甚至是减少的。这样，爆破振动信号低频带能量占信号总能量的比例越来越大，而高频带能量所占比例却越来越小。

（3）当段药量较小时，爆破振动信号能量主要分布在中、高频带，且其频带能量分布区域较宽。随着段药量增加，爆破振动信号能量分布越来越倾向于低频带，且其频带能量分布越来越集中，即爆破振动信号主振频带有向低频发展的趋势。在工程爆破中，由于周围受保护的建（构）筑物固有频率一般都较低，这会影响到周围建（构）筑物的安全。

3.5.2　测点至爆源距离对爆破振动信号不同频带能量分布的影响

1. 选取分析数据

本节选取用于分析的爆破振动信号如表 3.6 所示（同一炮次，不同测点），相应的加速度时程如图 3.17 所示。

表 3.6　段药量相同、测点至爆源距离不同时的爆破地震波参数

信号序号	段药量 Q/kg	测点至爆源距离 R/m	加速度峰值 A/(m/s^2)
1	30	82	4.476
2	30	107	2.736
3	30	137	1.871
4	30	210	0.760

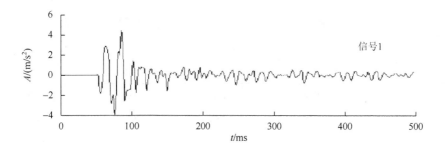

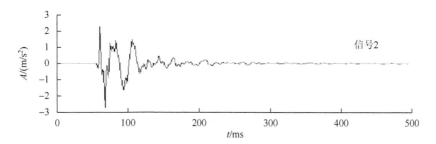

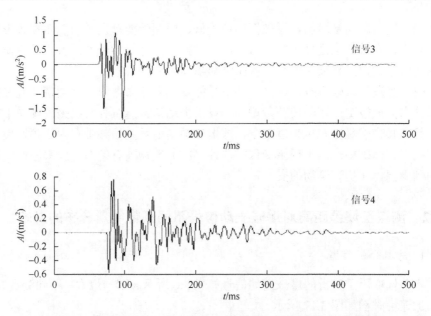

图 3.17　段药量相同、测点至爆源距离不同的爆破振动加速度曲线

2. 爆破振动信号能量的小波变换

对图 3.17 所示的爆破振动信号采用 db5 小波进行分解尺度为 8 的小波分解，从而获得上述爆破振动信号的各频带能量分布情况及信号总能量，结果见表 3.7、表 3.8 和图 3.18。

表 3.7　段药量相同、测点至爆源距离不同的爆破地震波各频带能量

频带分布范围/Hz	信号序号			
	1	2	3	4
0~4	0.0128	0.0463	0.0171	0.0313
4~8	0.1930	0.1995	0.4004	0.2790
8~16	0.7322	0.3940	0.6102	0.1876
16~32	1.0500	0.8329	0.1175	0.1096
32~64	0.1310	0.0829	0.0498	0.0605
64~128	0.0203	0.0024	2.5101×10^{-3}	0.0163
128~256	0.0028	2.5090×10^{-4}	9.5624×10^{-4}	7.2869×10^{-4}
256~512	0.0086	4.5193×10^{-5}	6.3351×10^{-3}	3.9142×10^{-4}
总和	2.1587	1.5584	1.1953	0.6855

表 3.8　段药量相同、测点至爆源距离不同的爆破地震波各频带能量分布百分比

频带分布范围/Hz	信号序号			
	1	2	3	4
0～4	0.5951	2.9710	1.4294	4.5686
4～8	8.9421	12.8023	33.4947	40.7045
8～16	33.9212	25.2814	51.0489	27.3661
16～32	48.6420	53.4486	9.8349	15.9812
32～64	6.0679	5.3228	4.1649	8.8309
64～128	0.9431	0.1559	0.0211	2.3855
128～256	0.1305	0.0161	0.0008	0.1063
256～512	0.3981	0.0029	0.0053	0.0571
总和	100	100	100	100

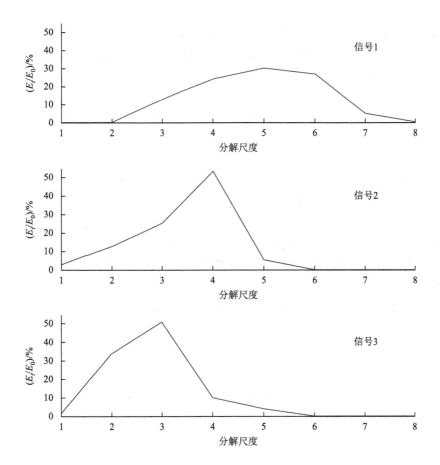

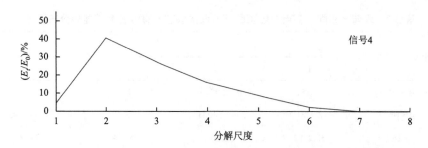

图 3.18　段药量相同、测点至爆源距离不同的爆破振动信号各频带能量分布

3. 结果分析

通过对上述 4 个爆破振动信号不同频带能量特征的对比分析，得到了测点至爆源距离对爆破振动信号不同频带能量分布影响的规律：

（1）随着测点至爆源距离增大，爆破振动强度减小，其信号总能量也减小。

（2）随着测点至爆源距离增加，爆破振动信号低频带能量所占信号总能量比例在上升，而高频带能量所占比例则逐渐下降；随着测点至爆源距离增加，各频带能量衰减速度逐渐降低。分析认为，不同频带能量随测点至爆源距离的这种衰减规律是由特定地质结构对不同频带能量吸收耗散程度具有选择性而造成的。

虽然频带能量在不同测点出现浮动的现象，但其不能改变能量减小的趋势。总体上各频带能量衰减速度随频率增加有加快的趋势，这主要由高频能量衰减较快而造成的。

（3）随着测点至爆源距离的增加，爆破振动信号的能量分布越来越倾向于低频带，且频带能量分布相对较为集中，即爆破振动信号的主振频带具有向低频发展的趋势。分析认为，产生这种趋势的原因是爆破地震波在传播过程中发生能量衰减，然而不同频率的能量衰减程度不同，高频成分的能量衰减大于低频，这表现为主频率随测点至爆源距离的增加而降低，且主频带低频部分的频率降低率低于高频部分的降低率。

通过以上分析可知，在实际工程爆破中，根据岩性及地质结构，适当选取炸药并采取相应措施，对特定频率的爆破振动进行抑制，能达到控制爆破振动强度的目的。

3.6　爆破振动作用下结构动态响应的小波变换能量特征分析

爆破引起地表振动对建（构）筑物破坏的一个重要因素是该地表振动输入结

构物中的振动能量，尤其是振动的整个历程中输入结构物的信号能量速率，对于抗震设计是一个重要的参考因素。与结构物基本振动周期相关的等速能量谱，基本上与经过平滑处理的地表加速度信号的傅里叶谱相似。可以认为，在一次爆破所引起的地震中，输入建（构）筑物的总能量主要与该结构物的基本振动周期有关。

在抗震设计中，结构的抗力与其强度和变形有关，而强度和变形的乘积是衡量结构耗能能力的标志。研究表明，当结构的质量和自振周期确定后，将地震作用看成以能量作为输入时，结构物强度和其变形的乘积及在该次地震中输入的能量都是相对稳定值，地震输入能量主要与结构的总质量和结构物基本自振周期有关。

在一次爆破振动中，具有非弹性性质的建（构）筑物动态特性受爆破振动信号在时域和频域中随机性特点的双重影响，这就要求工程技术人员在对由爆破振动引起的地表振动对结构影响进行安全性评估时，应当从振动信号的时-频域进行综合考虑，从而避免单独在时域或频域中进行分析时所得结论的片面性。因为有时不同爆破振动能量在傅里叶幅值谱主频处有相同的幅度，但它们对具有相同自振主频结构物的破坏效果有可能完全不同，这表明输入能量的时程特性对建（构）筑物的破坏起着同样重要的作用。这就要求在找出爆破振动信号在结构物中的能量输入与结构物振动频率之间关系的同时，还需了解所输入能量信号的时程特性。

3.6.1　结构动态响应的小波时频分析

考虑具有 N 个自由度的线性结构动力学系统，其有限元控制微分为

$$[M]\{\ddot{x}\} + [C]\{\dot{x}\} + [K]\{x\} = -[M]\{\varGamma\}a_0(t) \qquad (3.67)$$

式中，$[M]$、$[C]$ 和 $[K]$ 分别为 $N \times N$ 的质量矩阵、阻尼矩阵和刚度矩阵；$\{\ddot{x}\}$、$\{\dot{x}\}$ 和 $\{x\}$ 分别为结构质点的相对加速度、速度和位移；$\{\varGamma\} = \{1,1,\cdots,1\}_{N>1}^{\mathrm{T}}$；$a_0(t)$ 为由爆破地震波引起的地面运动加速度；N 为结构自由度数。

假设结构阻尼为黏滞阻尼，并进行如下变换将物理坐标转化为模态坐标

$$\{x(t)\} = \sum_{i=1}^{N} \{\varPhi^{(i)}\}\eta_i(t) \qquad (3.68)$$

式中，$\{\varPhi^{(i)}\}$ 为第 i 阶标准正交向量振型。

将式（3.68）代入式（3.67），两边同乘 $[\varPhi]^{\mathrm{T}}$，方程可分解为 N 个独立的方程

$$\ddot{\eta}_i + 2\xi_i\omega_i\dot{\eta}_i + \omega_i^2\eta_i = a_i a_0(t), \quad i = 1,2,\cdots,N \qquad (3.69)$$

式中，ξ_i 为第 i 振型的阻尼比；ω_i 为结构无阻尼自由振动的第 i 个圆频率；$a_i = \{\Phi^{(i)}\}^{\mathrm{T}} \cdot [M]\{\Gamma\}$。

假设零初始条件，则式（3.69）的解为

$$\eta_i(t) = \frac{1}{\omega_{di}} \int_0 a_i a_0(t) \mathrm{e}^{-\xi_i \omega_i(t-\tau)} \cdot \sin \omega_{di}(t-\tau) \mathrm{d}\tau \qquad （3.70）$$

式中，$\omega_{di} = \omega_i (1 - \xi_i)^{1/2}$ 为结构有阻尼圆频率。

利用小波变换将输入结构的爆破振动按频段进行分解，可得

$$a_0(t) = \sum_{j=-\infty}^{-1} a_j(t) = \sum_{j=-\infty}^{-1} \sum_{k=-\infty}^{\infty} C_{j,k} \phi_{j,k} \qquad （3.71）$$

式中，$\phi_{j,k}$ 为二进小波；$a_j(t)$ 为分解到第 j 尺度的重构信号，其频率范围为 $[\omega_{1j}, \omega_{2j}]$，周期范围为 $[T_{1j}, T_{2j}]$，且

$$\begin{cases} \omega_{1j} = 2^{j-1} / \Delta t \\ \omega_{2j} = 2^{j} / \Delta t \end{cases} , \quad \begin{cases} T_{1j} = 2^{-j} / \Delta t \\ T_{2j} = 2^{-j-1} / \Delta t \end{cases} \qquad （3.72）$$

由式（3.70）得到在爆破地震波分量 $a_j(t)$ 作用下结构的第 i 个自由度上的模态位移响应为

$$\eta_i^j(t) = \frac{1}{\omega_{di}} \int_0 a_i a_j(t) \mathrm{e}^{-\xi_i \omega_i(t-\tau)} \cdot \sin \omega_{di}(t-\tau) \mathrm{d}\tau \qquad （3.73）$$

由式（3.68）得到在爆破地震波分量 $a_j(t)$ 作用下结构自由度的位移响应为

$$\{x^j(t)\} = \sum_{i=1}^{N} \{\Phi^{(i)}\} \eta_i^j(t) \qquad （3.74）$$

3.6.2　爆破振动输入结构能量的小波时频分析

在一次爆破振动作用中，对所输入建（构）筑物的能量进行小波分析的目的，就是要通过小波变换找出隐含在时-频域中爆破振动信号的能量成分特征。

在一次爆破振动作用中，输入建（构）筑物的能量与地表振动加速度谱直接相关，则有

$$E = \int_0^{\infty} m \cdot \hat{a}(\omega)^2 \mathrm{d}\omega \qquad （3.75）$$

式中，$\hat{a}(\omega)$ 为加速度信号的傅里叶变换幅值；m 为受爆破地震波影响的建（构）筑物质量。

由小波变换所表示的爆破地震波加速度能量关系式为

$$A_E = \int_{-\infty}^{\infty} a_0(t)^2 \, \mathrm{d}t = \sum_{j=-\infty}^{-1} \int_{-\infty}^{\infty} a_j(t)^2 \, \mathrm{d}t + \sum_{m \neq n} \int_{-\infty}^{\infty} a_m(t) a_n(t) \, \mathrm{d}t \tag{3.76}$$

式中，$a_0(t)$ 表示原始输入建（构）筑物的爆破地震波的加速度，当所选取的小波函数具有半正交或正交性质时，有

$$\int_{-\infty}^{\infty} a_m(t) a_n(t) \, \mathrm{d}t = 0, \quad m \neq n \tag{3.77}$$

原始爆破地震输入能量分解为各频段重构信号能量的和：

$$I_E = \sum_{j=-\infty}^{-1} I_{E_j} \tag{3.78}$$

在实际中，$a_0(t)$ 按 Δt 取采样值，因而

$$I_{E_j} = \Delta t \sum_{n \in \mathbf{Z}} a_j(n)^2 \tag{3.79}$$

将式（3.71）代入式（3.79）得

$$I_{E_j} = \Delta t \sum_{n \in \mathbf{Z}} \left(\sum_{k=-\infty}^{+\infty} C_{j,k} \phi_{j,k} \right)^2 = \Delta t \sum_{n \in \mathbf{Z}} \left(\sum_{k=-\infty}^{+\infty} C_{j,k}^2 \phi_{j,k}^2 + \sum_{k \neq k'} C_{j,k} C_{j,k'} \phi_{j,k} \phi_{j,k'} \right) \tag{3.80}$$

由正交小波基的平移正交性

$$\langle \phi_{j,k}(n) \phi_{j',k'}(n) \rangle = \delta_{j,j'} \delta_{k,k'} = \begin{cases} 1, & j = j', k = k' \\ 0, & \text{其他} \end{cases} \tag{3.81}$$

得到

$$I_{E_j} = \Delta t \sum_{k=-\infty}^{+\infty} C_{j,k}^2 \tag{3.82}$$

另外，由 Parseval 等式可得

$$I_{E_j} = 2 \int_0^{\infty} | \hat{a}_j(\omega) |^2 \, \mathrm{d}\omega \tag{3.83}$$

式中，$\hat{a}_j(\omega)$ 是 $a_j(t)$ 的傅里叶变换，利用小波基将该函数分解，将 $\hat{a}_0(\omega)$ 完全分解为各频率范围的 $a_j(\omega)$，即有

$$I_{E_j} = 2 \int_{\omega_{1j}}^{\omega_{2j}} | \hat{a}_0(\omega) |^2 \, \mathrm{d}\omega \tag{3.84}$$

定义第 j 尺度输入分量的平均能量为

$$\overline{I}_{E_j} = \frac{1}{\omega_{2j} - \omega_{1j}} \int_{\omega_{1j}}^{\omega_{2j}} | \hat{a}_0(\omega) |^2 \, \mathrm{d}\omega \tag{3.85}$$

将式（3.72）、式（3.82）代入式（3.85）得到

$$\overline{I}_{E_j} = 2^{-j}\Delta t^2 \sum_{k=-\infty}^{+\infty} C_{j,k}^2 \qquad (3.86)$$

设 $\{\overline{I}_{E_1}, \overline{I}_{E_2}, \cdots, \overline{I}_{E_n}\}$ 为爆破地震输入 $a_0(t)$ 在 n 个尺度上的小波能谱，则尺度 j 上的能量占总能量之比为

$$p_j = \frac{\overline{I}_{E_j}}{\displaystyle\sum_{j=1}^{n}\overline{I}_{E_j}} \qquad (3.87)$$

按同样的分析方法可得到相应第 j 尺度输入分量第 i 自由度的响应能量关系为

$$\overline{O}_{E_j}^i = 2^{-j}\Delta t^2 \sum_{k=-\infty}^{+\infty} D_{j,k}^{i2} \qquad (3.88)$$

式中，$D_{j,k}^i$ 为结构响应的第 i 自由度第 j 尺度上的小波系数。

设 $\{\overline{O}_{E_1}^i, \overline{O}_{E_2}^i, \cdots, \overline{O}_{E_n}^i\}$ 为第 i 自由度上位移响应 $x_i(t)$ 在 n 个尺度上的小波能谱，则尺度 j 上的响应能量占总响应能量之比为

$$q_j^i = \frac{\overline{O}_{E_j}^i}{\displaystyle\sum_{j=1}^{n}\overline{O}_{E_j}^i} \qquad (3.89)$$

从上面的分析中可以看出，在不同分解水平下的爆破振动能量输入与小波系数幅度的平方和成正比，小波变换能在时域中反映出某次爆破事件中输入结构物的爆破振动信号在某个频带的能量多少，并可以对提取任意频带范围的输入进行分析，从而分析不同频带范围爆破振动输入分量对结构物的作用程度。

因此，在分析由爆破引起的地震动中所输入结构物的能量特性时，将结构物上所测得的振动加速度信号在不同频带下进行小波分析，然后对不同频带下的信号分量进行能量研究，得到结构物中所输入振动能量的时-频特征信息，有效地提取对结构引起有害振动的激励分量，进而根据该输入激励分量进行结构分析，找到爆破振动的有效作用强度，给出比较准确的结构安全性理论预测结果。这对于结构抗震设计及工程爆破监测具有极其重要的工程应用价值。

第4章 爆破地震波信号小波包分析方法

小波包变换是在小波变换基础上发展起来的，其基本思想是对小波变换没有分解的高频部分也同样分解为高、低频两部分，以此类推进行多层次划分。小波包弥补了小波变换中高频信号频率分辨率较差、低频信号时间分辨率差的不足，除小波变换中的尺度、位置参数外，还增加频率参数将频谱窗口进一步分割细化，实现对信号等带宽分解，并能够根据被分析信号特征，自适应地选择相应频带，使之与信号频谱相匹配，从而提高时频分辨率，是一种更加精细的信号时频分析方法[60, 61]。

4.1 小波包变换的基本理论

正交小波包是一函数簇，由它们可构造出 $L^2(R)$ 的规范正交基库，而规范正交基库，就是从此库中可选择出 $L^2(R)$ 的许多组规范正交基，而通常小波正交基只是其中一组，小波函数正是这些函数簇中的一个，因而小波包变换是小波变换的推广。

4.1.1 小波包变换理论

在固定尺度时，定义一列递归函数如下：

$$\begin{cases} S_{2n}(t) = \sqrt{2} \sum h_k S_n(2t-k) \\ S_{2n+1}(t) = \sqrt{2} \sum g_k S_n(2t-k) \end{cases} \quad (4.1)$$

式中，h_k 和 g_k 为滤波器。当 $n=0$ 时，$S_0(t)$ 是满足小波变换双尺度方程的元函数 $\varphi(t)$，与此相对应的 $S_1(t)$ 就是小波基函数 $\psi(t)$。式(4.1)定义的 $\{S_n(t)\}_{n \in \mathbf{Z}^+}$ 为由 $\varphi(t)$ 确定的小波包。

函数簇 $\{S_n(t-k) \mid k \in \mathbf{Z}, n \in \mathbf{Z}^+\}$ 构成了 $L^2(R)$ 规范正交基，而函数 $2^{j/2} S_n(2^j t-k)$ 的全体 $\{2^{j/2} S_n(2^j t-k) \mid j, k \in \mathbf{Z}, n \in \mathbf{Z}^+\}$ 在小波包理论中称为小波库。由标准正交化的多尺度生成元 $\varphi(t)$ 导出的函数簇 $\{2^{j/2} S_n(2^j t-k) \mid j, k \in \mathbf{Z}, n \in \mathbf{Z}^+\}$ 为由 $\varphi(t)$ 导出的小波库。在信号小波分析和小波包分析中 k 表示分解尺度，j 表示时间

位移，而 n 表示振荡参数，此时 $S_n(2^k t - j)$ 表示尺度为 k，中心在 $2^{-k} j$ 及振荡次数为 n 的小波函数。

在小波理论分析和实际运算中，小波库是一个相当重要部分。因为在获得一个分析信号小波库后，才能从该库中选取出最佳小波包基。

记

$$\Omega_j^n = \text{Clos}\{2^{j/2} S_n(2^j - k) \mid k \in \mathbf{Z}\}, j \in \mathbf{Z}, n \in \mathbf{Z}^+ \tag{4.2}$$

当 $n = 0$ 时，式（4.2）为

$$\Omega_j^0 = \text{Clos}\{2^{j/2} \varphi(2^j - k) \mid k \in \mathbf{Z}\} = V_j \tag{4.3}$$

当 $n = 1$ 时为

$$\Omega_j^1 = \text{Clos}\{2^{j/2} \psi(2^j - k) \mid k \in \mathbf{Z}\} = W_j \tag{4.4}$$

当 j 固定时，$\{S_n(2^j t - k) : n \in \mathbf{Z}^+, k \in \mathbf{Z}\}$ 构成 $L^2(R)$ 的一个正交基。当 n 固定时，如 $n = 1$，即为 $L^2(R)$ 的正交小波基，而 $n = 0$ 则构成 $L^2(R)$ 的一个标架，即小波变换中的尺度函数。由小波理论可知 $V_{j+1} = V_j \oplus W_j$，对 $j \in \mathbf{Z}$ 成立，即对任何 $j \in \mathbf{Z}$ 有 $\Omega_{j+1}^0 = \Omega_j^0 \oplus \Omega_j^1$，对其他自然数 n 也成立。根据式（4.1）及式（4.2），对任意自然数 n 有

$$\Omega_{j+1}^0 = \Omega_j^{2n} \oplus \Omega_j^{2n+1}, \quad j \in \mathbf{Z} \tag{4.5}$$

由式（4.5）并结合式（4.4），可对 W_j 进行再分解

$$W_j = \Omega_0^{2^j} \oplus \Omega_0^{2^j+1} \oplus \cdots \oplus \Omega_0^{2^{j+1}-1}$$

则

$$L^2(R) = \bigoplus_{j \in \mathbf{Z}} W_j = \cdots \oplus W_{-2} \oplus W_{-1} \oplus W_0 \oplus W_1 \oplus W_2 \oplus \cdots$$

$$= \cdots \oplus W_{-2} \oplus W_{-1} \oplus W_0 \oplus \Omega_0^2 \oplus \Omega_0^3 \oplus \Omega_0^4 \oplus \cdots \tag{4.6}$$

即 $\{\psi_{j,k}(t), S_n(t-k) \mid j = \cdots -2, -1, 0; \ n = 2, 3, 4, \cdots; \ k \in \mathbf{Z}\}$ 是 $L^2(R)$ 的一组规范正交基。多分辨分析中任意子空间 V_N 有二叉树分解形式。Ω_N^0 的小波包分解结构示意图如图 4.1 所示。

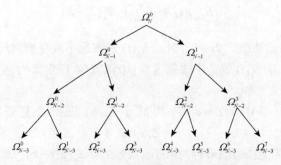

图 4.1　Ω_N^0 的小波包分解结构示意图

在小波分解中

$$V_N = W_{N-1} \oplus W_{N-2} \oplus \cdots \oplus W_{N-M+1} \oplus W_{N-M} \oplus V_{N-M} \quad (4.7)$$

因此，V_N 的规范正交基是由 V_{N-M} 的正交基

$$\{\varphi_{N-M} = 2^{(N-M)/2} \varphi(2^{N-M}t-k) \,|\, k \in \mathbf{Z}\} \quad (4.8)$$

和 W_j 的正交基

$$\{\psi_{j,k} = 2^{j/2} \psi(2^j t-k) \,|\, k \in \mathbf{Z}\}, j = N-1, N-2, \cdots, N-M+1, N-M \quad (4.9)$$

组成的，而它们正是由尺度函数 $\varphi(t)$ 和小波函数 $\psi(t)$ 生成的。在小波包二叉树分解中

$$V_N = \underset{j,n}{\oplus} \Omega_j^n \quad (4.10)$$

对 V_N 的正交分解形式是多样的，而 V_N 的规范正交基正是由某一分解形式下各子空间 Ω_j^n 的规范正交基组合的。由前面分析可知，Ω_j^n 的基 $\{2^{j/2} S_n(2^+ x-k), k \in \mathbf{Z}\}$ 是由 $S_n(t)$ 生成的，正如 W_j 的基是由小波函数 $\psi(t)$ 生成的一样。由小波包 $\{S_n(t)\}_{n \in \mathbf{Z}^+}$ 所生成的函数簇 $\{2^{j/2} S_n(2^j t-k) : n \in \mathbf{Z}^+, k, j \in \mathbf{Z}\}$ 称为小波包正交基库。从该小波库中抽取能组成 $L^2(R)$ 的一组正交基称为 $L^2(R)$ 的一个正交小波包基。

由小波分解等 Q 性质，对某一分辨率空间 V_N 进行 W_j 分解，随着 j 增加，相应于 W_j 的第 j 个频带带宽也在增加，小波包对 W_j 进行再分解后得到

$$W_j = \Omega_{j-k}^{2^k} \oplus \Omega_{j-k}^{2^k+1} \oplus \cdots \oplus \Omega_{j-k}^{2^{k+1}-1} \quad (4.11)$$

相应于 W_j 的第 j 个频带被分解成 2^k 个子频带，从而使该频带局部化特性增强，改善了小波函数 $\psi(t)$ 的多分辨分析功能。

4.1.2　小波包分解算法

设信号 $f \in V_N$，其在 V_N 中的系数表示为 $\{C_k^N \,|\, k \in \mathbf{Z}\}$，则根据 Mallat 算法，可求出 $f(x)$ 在 V_{N-1} 和 W_{N-1} 中的系数为 C_k^{N-1} 和 d_k^{N-1}，其中

$$C_k^N = \int_{-\infty}^{+\infty} f(x) 2^{N/2} \varphi(2^n x-k) \mathrm{d}x \quad (4.12)$$

$$d_k^N = \int_{-\infty}^{+\infty} f(x) 2^{N/2} \psi(2^n x-k) \mathrm{d}x \quad (4.13)$$

则

$$
\begin{cases}
C_k^{N-1} = \sum_l h_{l-2k} C_l^N \\
d_k^{N-1} = \sum_l g_{l-2k} C_l^N
\end{cases}
\tag{4.14}
$$

而基于上述算法的小波包分解是对各分解尺度 j 下的小波分解后的 W_j 进行类似的小波分解。设 $\{S_n(x) \mid n \in \mathbf{Z}^+\}$ 是相应于尺度函数 $\varphi(x)$ 的正交小波包，$f(x)$ 在 Ω_j^n 中的系数表示为 $\{C_k^{j,n} \mid k \in \mathbf{Z}\}$，其中

$$
C_k^{j,n} = \int_R f(x) 2^{j/2} S_n(2^j x - k) \mathrm{d}x
\tag{4.15}
$$

具有小波包分解意义的式（4.6）中，Ω_j^n 的两个子空间 Ω_{j-1}^{2n} 和 Ω_{j-1}^{2n+1} 对 $f(x)$ 的分解系数 $C_p^{2n,j-1} \mid p \in \mathbf{Z}$ 和 $C_p^{2n+1,j-1} \mid p \in \mathbf{Z}$ 为

$$
\begin{cases}
C_p^{2n,j-1} = \sum_l h_{l-2p} C_l^{n,j} \\
C_p^{2n+1,j-1} = \sum_l g_{l-2p} C_l^{n,j}
\end{cases}
\tag{4.16}
$$

对于某个正交小波函数 $\psi(x)$，其伸缩和平移函数簇 $\{2^{j/2}\psi(2^j t - n)\}_{j,n \in \mathbf{Z}}$ 构成了空间 $L^2(R)$ 标准正交基，其中 $\{2^{j/2}\psi(2^j t - n)\}_{n \in \mathbf{Z}}$ 构成了 $L^2(R)$ 的子空间 W_j 的标准正交基，且 $W_j \perp W_{j'}(j \neq j')$。设 $\psi(x)$ 及其傅里叶变换 $\hat{\psi}(\omega)$ 的窗口宽度分别为 $\Delta\psi$ 与 $\Delta\hat{\psi}$，则构成 W_j 的基函数 $\psi_{j,n}(x) = 2^{j/2}\psi(2^j x - n), n \in \mathbf{Z}$ 及其傅里叶变换 $\hat{\psi}_{j,n}(\omega)$ 的窗口宽度分别为 $\dfrac{1}{2^j}\Delta\psi$ 与 $2^j\Delta\hat{\psi}$，即随着分解尺度 j 的增大，相应的基函数 $2^{j/2}\psi(2^j x - n), n \in \mathbf{Z}$ 的窗口宽度就减小，而其傅里叶变换的窗口宽度却增大，即随着 j 的增大，相应小波基函数的空间局部性越好，此时空间分辨率提高，而其频谱的局部性就越差，因而频谱分辨变粗。这是正交小波基的缺陷。而小波包却具有随分解尺度 j 增大而变宽的频谱窗口进一步分割变细的优良性质。

在正交小波分解过程中，基本思路就是将信号近似分量分解为两部分，即下一尺度近似分量和细节分量。在下一步小波分解中，只是对 A_{j+1} 进行分解，在整个分解过程中均未对各分解尺度 j 下的细节分量进行分解，分解过程的组织结构基本上呈线性。这就不可避免地丢失了存在于细节分量中的部分信号特征。信号小波包分解对此进行了弥补，同时它在理论上更为完善，在实际运用中分析手段更为丰富。建立在小波包理论基础上的分解信号最佳小波包基表示对于研究信号特征具有一定意义。

4.1.3　爆破振动信号最佳小波包基选取

从小波库中选取小波包来描述信号并进行信号重构的组合方式是多种多样

的，而随意地选取某些小波包来重构或表征信号是没有实际意义的。这就是如何根据某个准则，在小波库中寻求出最佳小波基。

由于爆破振动信号具有持续时间短、信号突变快等特征，因而小波包分析采用小波基函数是根据该特征及相关分析应用目的来进行选择和构造的。

对爆破振动信号 $f(x)$ 进行小波变换，从某种意义上讲就是把信号按某正交基展开，在确定基底时，就可以将 $f(x)$ 视为一个序列。这个序列由 $f(x)$ 在此基下的列系数 $\{x_k\}$ 构成。因而衡量基好坏需定义一个反映系数序列的信息花费函数 $M(e)$，其具有可加性

$$M(e) = \sum_{k \in \mathbf{Z}} e(|x_k|), \quad \text{且} e(0) = 0 \tag{4.17}$$

$e(x)$ 为实函数（其具体形式由选取的熵准则确定）。$M(e)$ 值反映系数集中的程度。当 $\{x_k\}$ 中只有少数值较大，而多数值可忽略不计时，则基函数是最好的，此时 $M(e)$ 值应最小，即用较少信息就可对序列进行表示；而当系数序列元素大体一致时，$M(e)$ 值应最大。当前关于最佳小波基选取准则的常用信息花费函数——熵准则有以下几种：Shannon 熵、$p(1 \leqslant p < 2)$ 范数熵、由对数计算能量熵等。

最佳小波包基求取就是将依据某种熵准则计算出来的子层小波包系数熵与父层小波包系数熵进行比较，找出两者中小的一个，在进行替换或保留后，依此法将替换或保留下来的小波包系数与上一层的小波包系数进行同样的操作。因而求得的最佳小波包基是信号经某一确定层数的小波包分解后能完整表示原信号最小熵的小波包组合。图 4.2 为最佳小波包基的算法示意图。

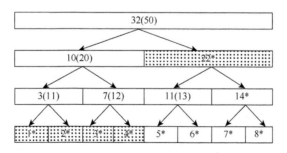

图 4.2　最佳小波包基的算法示意图

爆破振动实测信号的分辨率是有限的，只要对 V_N 进行有限次分解，总可用归纳法找到相应信号的最好基。以 V_N 进行三层小波包分解为例，对于 $f(x)$，可由小波包算法计算出 $f(x)$ 在各子空间 Ω_{N-j}^n 上的系数，然后由信息花费函数 $M(e)$ 计算各层小波包系数的熵值。

最佳小波包基的搜索算法如下所示。

（1）计算出各层子空间 Ω_{N-j}^{n}（$j=1,2,3$;　$n=\{0,1,\cdots,2^{j}-1\}$，此处是考虑三层分解）中信号 $f(x)$ 小波包分解系数的 $M(e)$ 值。

（2）将最下层每个子空间 Ω_{N-3}^{n} 中 $f(x)$ 分解系数的 $M(e)$ 值全标上"*"。

（3）把两个子空间中的 $M(e)$ 值之和与父空间中的 $M(e)$ 值进行比较，如果子空间的值之和大于父空间中的值，则将父空间中的值标上"*"；否则就用这个和值（即两个子空间中的 $M(e)$ 值之和）代替父空间中的 $M(e)$ 值，被替换的父空间中的 $M(e)$ 值和原父空间中的 $M(e)$ 值均不作"*"标记。

（4）在（3）的基础上，将（3）中的父空间作为子空间，而原父空间的上一层作为该步的父空间，重复（3）的操作；但此时只对子空间中被保留和替换的 $M(e)$ 值进行比较；并按（3）进行到最高层。

（5）从最高层开始，只选择第一次遇到标"*"号的值，选择后的子空间就不再考虑。

由上述步骤选出标有"*"表示的框内小波基，组成了对应于 V_{N} 的一组正交小波基，如图 4.2 中带点部分的框图所示。这样的一组正交分解也就对应于一组规范正交基，此基就是信号 $f(x)$ 相对于信息花费函数 M 的最佳小波包基。

如图 4.1 所选出的最佳小波包基为子空间 $\Omega_{N-3}^{0},\Omega_{N-3}^{1},\Omega_{N-3}^{2},\Omega_{N-3}^{3}$ 和 Ω_{N-1}^{1} 对应的规范正交基，即

$$\Omega_{N}^{0}=\Omega_{N-3}^{0}\oplus\Omega_{N-3}^{1}\oplus\Omega_{N-3}^{2}\oplus\Omega_{N-3}^{3}\oplus\Omega_{N-1}^{1} \tag{4.18}$$

Ω_{N}^{0} 的最佳小波包分解树结构示意图如图 4.3 所示。

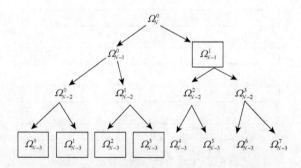

图 4.3　Ω_{N}^{0} 的最佳小波包分解树结构示意图

从爆破振动信号处理的角度分析可知，上述最佳基的搜索过程实质上是用尽量小的系数，反映尽可能多的信息，以达到特征提取的目的。

4.2　爆破振动信号时频特征的小波包变换提取研究

特征提取是信号识别与分类中重要的一环，对提高系统准确率、改善系统性能起到关键的作用。其通过某种映射关系，把高维原始数据映射到低维变换空间，这种映射能够抑制数据中大量冗余信息，而突出数据的类别信息。其思想是在变换域进行降维，从而得到信号最具特征值。

每一个小波包树的二叉子树都对应着最初基空间。对一个能量有限信号，小波包基可以利用各个频带子带上的信息提供一种特定信号编码和重构信号方法。一个给定信号 $x(t)$ 若进行 i 层小波包分解，在该层分解中可以得到 $j = 2^i$ 个子频带。若原始信号最低频率成分为 0，最高频率成分为 ω_m，每个子带频率宽度为 $\omega_m / 2^i$。进行小波包分解系数重构，可以提取各频带信号，且总信号可以表示为

$$x(t) = \sum_k x_{i,k} = x_{i,0} + x_{i,1} + \cdots + x_{i,j-1} \qquad (4.19)$$

式中，$x_{i,k}$ 表示第 i 层分解节点 (i,k) 上的重构信号，其中，$k = 0,1,2,\cdots,j-1$。

当原始爆破振动信号小波包分解后，可以对节点进行重构，并根据式（4.19）获得完全重构信号。由于完全重构信号与实测信号具有高度一致性，因此，小波包分析结果可以保证对信号提取的真实性。

4.2.1　爆破振动信号时频特征的小波包变换分析

图 4.4 为无阻隔措施第 17 炮次各点的功率谱，从图中可以看出，爆破振动信号在各测点的主振频率虽然比较集中，但并不表现为一个主振频带（如测点 2、测点 3 和测点 4 的功率谱所示）。同时，它们的优势频带范围较宽，如图 4.4 中测点 1 的功率谱所示，而非分布在一个狭窄的频带内，从而表现为整个信号的主振频率在信号能量中绝对占优。

爆破地震波振动强度随场地特征的衰减特性，以及高频衰减迅速，在达到一定频率范围（具有场地特征的主振频率）后，频率衰减缓慢的规律体现了场地对爆破地震波不同频率范围地震波分量的衰减作用是不一样的，即爆破地震波这种随距离而发生的振动强度和频率变化规律在一定程度上体现了场地特征。

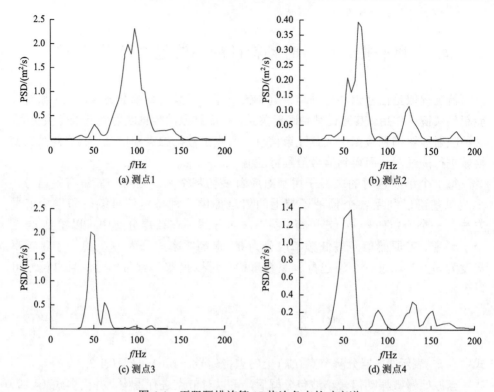

图 4.4　无阻隔措施第 17 炮次各点的功率谱

　　这样，在进行爆破振动历程研究时，在考虑了爆破地震波振动强度的同时，也应当将其频率变化规律作为一个重要因素考虑进来并进行研究。若采用二次能量型时频表示对应于每个频带上的重构信号，可以定义时频谱为

$$W(t,\omega_k) = |x_{i,t}(t)|^2, \quad k = 0,1,2,\cdots, j-1 \qquad (4.20)$$

式中，ω_k 表示第 k 个频带的中心频率。

　　第 k 个频带信号的总能量为

$$E_k = \int W(t,\omega_k)\mathrm{d}t = \int |x_{i,k}(t)|^2 \, \mathrm{d}t \qquad (4.21)$$

　　当频带划分足够细时，频带可以被近似为连续的频率分布，式（4.20）描述了在整个时域和频域上信号 $x(t)$ 的连续分布时频谱。此时，式（4.21）代表了给定频率上的能量密度。它在原始信号频率范围内的集合 $\{E_k\}$ 正好是信号的 PSD 分布规律。

　　图 4.5 为在全频带范围内，对 17 炮次测点 1 的爆破振动信号采用 db5 小波基进行 5 层的小波包分解，根据式（4.21）计算得到各个小波包的时频谱的三维表示。为了能比较清楚地显示结果，共分成 0～128Hz、128～256Hz、256～384Hz、384～512Hz 频带范围内的爆破振动信号时频谱进行图示。

从图 4.5 中可明显地看出能量分布随时间和频率的动态变化特征,其谱值能很好地区分爆破振动信号能量随时间和频率的细微变化,且能量突变的定位与检测能力较强,具有较强非稳态动态变换的时频刻画能力。

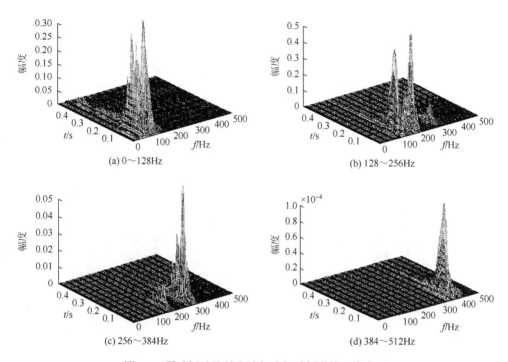

(a) 0~128Hz　　　　　　　　　　　　　(b) 128~256Hz

(c) 256~384Hz　　　　　　　　　　　　(d) 384~512Hz

图 4.5　爆破振动信号小波包分解时频谱的三维表示

爆破地震波波动过程是非线性的、动态的,可能存在一定的混沌性。每一阶段都有各自的频率特性、能量差异,这是其他方法难以揭示的细微性变化。这种变化特征为震源和场地介质特征研究提供了一种新的思路与方法。

为了进一步对其进行定量分析,下面给出其二维等高分布图。以图 4.5(b)为基础,依据时频取值大小做出其等能量分布图,图 4.6 依次对应于 2 个、5 个、10 个和 20 个时频能量高度时的情况。

从图 4.5 可以看出,爆破振动的能量分布虽然处于非常宽的频率范围,但其仍具有比较确定的多阶固有振动频率。在爆破振动过程中,振动能量随时间变化表现出剧烈的波动变化。

4.2.2　基于小波包变换的爆破振动信号时频特征提取

小波包分析在处理爆破地震波这种非平稳信号方面具有极强的优越性。而且

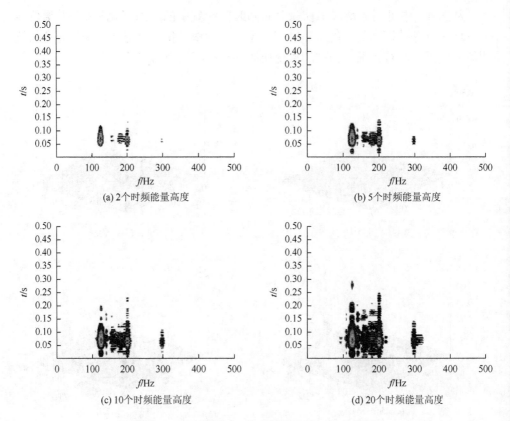

图 4.6　对应于图 4.5 的时频等高线二维示意图

通过对爆破地震波实测数据分析可知，对爆破地震波进行小波包去噪可以大大提高信号信噪比，为爆破地震波峰值上升与衰减过程研究提供更加准确信息。

爆破地震波在岩石介质中传播时，其不同频率成分的振动分量衰减程度是各不相同的，这种衰减机制一方面取决于爆源特征，另一方面由场地性质决定。为了研究爆破地震波中不同频率成分分量在介质中的传播规律，必须分别对它们进行研究，从而需要将重点研究的某频率范围内信号提取出来。

基于傅里叶变换与逆变换理论的频谱特征提取技术对于爆破地震波这种非平稳信号而言，其理论基础与非平稳信号不相符。小波包基在将频率轴分成为不同大小分离区间的基础上，对所分析信号具有自适应性，可方便地对某频带下的信号进行提取。

图 4.7 为实验中第 17 炮次测点 2 爆破振动中频率为 0～32Hz 和 96～128Hz 的小波包重构系数细节信号波形及其功率谱。

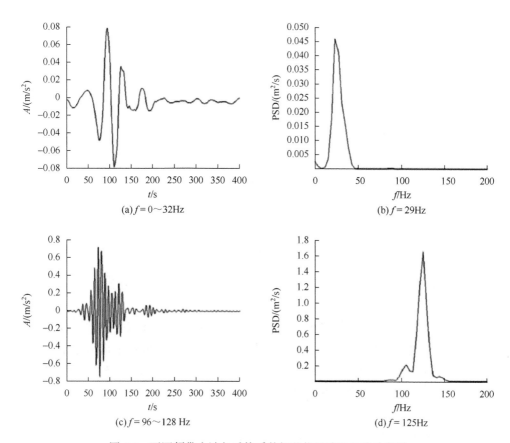

图 4.7　不同频带小波包重构系数细节信号波形及其功率谱

　　爆破振动信号经小波包分解，并将其中不同频带下的地震波分量提取出来后，该分量的振动衰减规律与药量、距离是否与原信号一样具有某种关系，这是运用小波包变换提取爆破地震波的特定分量后，应当考虑的问题。

　　图 4.8 为本次无阻隔实验中各测点爆破振动信号采用 db5 小波包进行分解后，频带为 128～160Hz 的小波包系数峰值与折算距离的对数关系，其相关系数为 0.91。

　　这表明爆破振动信号经小波包分解为不同频带下的小波包分量后，各小波包信号的振动衰减规律与药量和距离具有良好的相关性。

　　采用小波包提取研究频带范围内的爆破振动信号分量，是不会损失原信号中关键信息的。通过对不同频带的小波包重构，我们可以方便地提取爆破地震记录中感兴趣的分量。小波包为分析爆破振动信号的频率、峰值随爆破参数变化的规律，并为分析沟槽和预裂缝对爆破地震波作用规律提供了一个很好的分析工具。

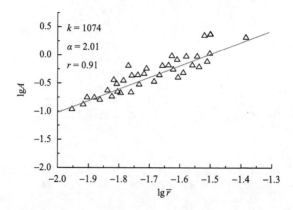

图 4.8   小波包系数峰值与折算距离的对数关系

△代表数据点

4.3   爆破振动信号各频带分量的小波包变换研究

采用小波包变换研究爆破振动信号不同频带下分量的衰减规律。通过提取出研究频带范围内的爆破振动信号分量，得到不同频带下小波包重构信号振动峰值与折算距离的对数关系；在此基础上，分析爆破条件、场地介质特性、爆源至测点位置等因素对不同频带小波包分量衰减的影响。

4.3.1   爆破振动信号主分析小波包的确定

由于爆破振动能量幅值大小直接关系到爆破振动对岩土边坡、大坝、地下结构等整体设施及建（构）筑物结构的危害程度，而且其主震能量的频带范围主要集中于低频部分。

由前面分析可知，本实验中爆破地震波最高频率在 230Hz 以下，因而在小波包分析中只考虑与 Ω_1^0 空间有关的小波包系数，并称 Ω_1^0 空间下的小波包为 $P_{1,0}$，其系数相当于小波包分解和重构算法中的 $n = 0$，$j = 1$。

爆破地震波小波包分解中，将采用 db5 小波基生成不同尺度下的小波包对信号进行 $N = 5$ 个尺度的分解（但如果所分析信号的主频范围相当窄，若在 30Hz 以下，则进行 $N = 6$ 水平的小波包分解，此时在最高尺度下共有 $2^6 = 64$ 个小波包，每个小波包带宽为 8Hz）。

由于本实验中爆破地震波主频区间大部分都在 50Hz 以上，因而一般将它们进行 $N = 5$ 个不同连续尺度的小波包分解，在满足分析要求基础上，显著地降低了计算和分析方面的复杂度；同时在每一个主频范围内均只采用 4 个主分析小波包重构系数来进行频带下信号分量的提取或其他有关问题的分析。通过这些小波包重构出来的信号与原信号相比，精度是相当高的，即重构信号峰值和主频范围及两者相互对应损失量是可以满足分析问题要求的。

4.3.2　爆破振动信号主小波包频率-峰值和折算距离的关系分析

由前面研究可知，在确定了爆破振动信号主分析小波包后，需考察其重构系数与折算距离是否具有线性关系，本节将对该问题进行分析。

表 4.1 给出了部分无阻隔试验炮次的折算距离与爆破地震波主分析小波包参数。

表 4.1　部分无阻隔试验炮次的折算距离与爆破地震波主分析小波包参数

炮次	测点号	主分量	折算距离	主分析小波包 1		主分析小波包 2		主分析小波包 3		主分析小波包 4	
				峰值/(m/s²)	频率/Hz	峰值/(m/s²)	频率/Hz	峰值/(m/s²)	频率/Hz	峰值/(m/s²)	频率/Hz
	1	$P_{4,6}/P_{4,7}$	0.03333	1.29	164	0.79	176	0.93	212	2.14	196
13	3	$P_{6,10}/P_{6,11}/$ $P_{5,4}/P_{5,12}$	0.01948	0.578	104	0.85	108	0.511	116	0.646	128
	4	$P_{5,2}/P_{4,3}$	0.01676	0.592	52	0.284	60	0.586	64	0.173	96
	1	$P_{4,5}/P_{4,7}$	0.02904	0.395	168	1.07	180	1.02	200	0.638	212
15	3	$P_{4,2}/P_{4,6}$	0.0164	0.237	104	0.295	112	0.37	136	0.42	148
	4	$P_{4,1}/P_{4,3}$	0.01401	0.056	40	0.248	64	0.19	68	0.105	88
18	1	$P_{4,5}/P_{4,7}$	0.0336	0.694	164	1.22	180	1.16	204	0.778	212
	4	$P_{4,1}/P_{4,3}$	0.01569	0.246	44	0.482	52	0.45	64	0.149	92
	1	$P_{4,5}/P_{4,7}$	0.02456	0.858	184	0.17	164	0.557	204	0.281	212
20	3	$P_{4,2}/P_{4,6}$	0.01317	0.372	108	0.272	116	0.107	132	0.119	156
	4	$P_{4,1}/P_{4,3}$	0.01115	0.075	44	0.43	52	0.195	76	0.098	84
21	3	$P_{4,2}/P_{4,6}$	0.02249	0.6068	108	0.8645	116	0.735	128	0.375	148
	4	$P_{5,2}/P_{5,4}$	0.01947	0.451	48	0.276	60	0.415	64	0.267	76
22	2	$P_{5,2}/P_{4,3}$	0.02898	0.136	52	0.131	60	0.585	72	0.399	88
	3	$P_{5,4}/P_{5,5}$	0.01471	0.163	100	034	108	0.285	120	0.244	128

表 4.1 中主分量一列是指重构原爆破地震波主分析小波包分解分量。

将这些分量按小波包分解算法进一步分解后，在此基础上获得了该主分量的两个分解小波包。根据小波包分解算法，由表 4.1 中所选主小波包分量得到的重构信号主频完全包含了原信号主频，而原信号主频频率成分并不会泄露到其他分量中。

图 4.9（a）是表 4.1 中所列各炮次第 1 测点处爆破地震波的主分析小波包（小波包 1～4）的频率和振动峰值图。

从图 4.9（a）中可以看出：对于同炮次的小波包系数频率与主振峰值的分布基本为图中曲线所示的一种倒锥形关系，而这种锥顶的横坐标即为原信号的中心频率，而纵坐标即为频带包含了该中心频率的某小波包的峰值（在表 4.1 中为主分析小波包 4）。

图 4.9（b）是表 4.1 中主频率最高的小波包系数峰值与折算距离的双对数拟合曲线，具有良好的线性关系，而且爆破振动信号主频范围内的各频带小波包系数峰值能反映出折算距离的作用差别。

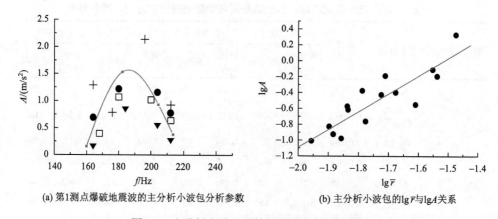

(a) 第1测点爆破地震波的主分析小波包分析参数　　　　(b) 主分析小波包的lg$\overline{r}$与lg$A$关系

图 4.9　主分析小波包重构系数峰值与折算距离

＋：第 13 炮；□：第 15 炮；●：第 18 炮；▼：第 20 炮

4.3.3　爆破地震波不同频带分量衰减规律的小波包分析

由本次无阻隔措施实验数据的频谱分析可知，各测点爆破地震波的主频主要集中在三个区域：50～60Hz、65～75Hz 和 95～110Hz，且各主频区间均具有一定的带宽，根据小波包对分析信号频率的二分法原则，在研究本实验中爆破地震波各频带振动分量信号的衰减规律时，主要研究 32～64Hz、64～96Hz、96～128Hz 频带下的小波包系数。但为了不损失爆破地震波中低频分量 32Hz 以下和高频分量 128Hz 以上地震波在原信号的影响，将 32～64Hz 频带宽度扩展为 16～64Hz。同时，增加对另一频率范围为 128～160Hz 的高频带小波包的分析。

表 4.2 中给出了以上各频带地震波峰值与折算距离的衰减系数及其相关系数。

表 4.2　各频带地震波峰值与折算距离的衰减系数及其相关系数

频带范围/Hz	k	α	corr
16~64	70.5	1.21	0.86
64~96	1493	1.96	0.91
96~128	$1.0 \times 10^{4.87}$	3.13	0.94
128~160	1074	2.01	0.91

注：k、α 为爆破地震波强度的场地衰减系数；corr 为相关系数。

分析表 4.2 中数据可以看出，不同频带下，k 在 $70.5 \sim 1.0 \times 10^{4.87}$ 变化，平均值 $k = 19192.13$；α 在 $1.21 \sim 3.13$ 变化，平均值 $\alpha = 2.0775$。k 的最大值与最小值之比为 1051.5，α 的最大值与最小值之比是 2.59。由此可见，α 变化尚小，而 k 变化范围是相当大的。数据分析表明该类场地对各频带下爆破地震波具有不同作用程度。

由于爆炸冲击是一个典型的冲击加载瞬态现象和运动，而炸药爆炸能量的高速瞬间释放及能量的高度集中等特性使之呈现出作用剧烈、持续时间极短的时间历程特征。

由爆破振动信号的小波包分析可知，爆破振动响应的分析频带内存在两个或多个明显的优势频率，这些优势频率所在频带（按二进尺度划分）的时程中尽管其振动幅值存在差异，但振动强度和频率特征很明显，均可构成爆破地震主振频带。

爆破作用下的地面振动响应单段波形具有两个或多个主振频带是与实际地面岩土介质的结构特性相一致的。由于实际的地面是由具有节理裂隙或裂缝的岩土介质构成的，从结构动力学的角度来看，在爆破作用下属于多自由度有阻尼振动系统，其响应包括了爆破作用下的暂态运动及在爆破作用结束后振动系统按固有频率（自振频率）进行的自由振动，而多自由度有阻尼系统存在多阶固有频率，从而使得地面爆破作用响应具有多个振型，即爆破振动单段波形呈现多频带特征。

小波包分析利用小波包基特有的局部分析能力，有效地得到了与实际岩石介质地面对爆破振动响应信号物理模型一致的主振频带细节信号。单段波形具有不同主振频带且各自频带内的优势频率明显，这一发现不仅可以为各种建（构）筑物在爆破作用下评价其动态响应中频率的影响因素带来更为精细的结果，而且可以为爆破振动实际波形预测及模拟提供了有效的方法。

4.4　沟槽对爆破地震波阻隔效应的小波包时频分析

一般频谱分析在研究爆破地震波时，通常是简单地对整个信号进行傅里叶谱分析或功率谱分析，获得该测点处信号主频值及其范围。然后在此基础上，根据不同距离处爆破地震波的综合和对比，以此获得整个爆破过程中有关实验结论。这种方法所获得的结论一般是比较笼统的，其无法指出在爆破地震波整个时间历程中，某频带下分量是如何被场地介质及特殊地质构造或人造障碍（如沟槽和预裂缝）作用的。

根据前面的分析，沟槽和预裂缝对爆破地震波的阻隔作用具有选择性，即它们可以看成一个特殊频带的滤波器，同时它们的阻隔滤波效果是有限的。第 3 章通过对基本实验数据的分析，获得了该场地爆破地震波基本衰减规律，并指出了经沟槽和预裂缝作用后爆破地震波频谱的特殊规律。

由于沟槽对爆破地震波不同频率成分分量具有不同的削减作用，不同分量信号作用效果是有差异的，这表现为实验中不同测点处爆破地震波频谱特征的特殊变化规律，这也就是不同折算距离下沟槽阻隔效果大小有差异的原因。因而，分析爆破地震波测试信号中不同频率成分分量的衰减规律，可以深入研究沟槽阻隔作用效果，计算其有效作用范围。

下面将采用小波包变换将沟槽作用下爆破振动信号的不同频带分量提取出来，分析沟槽对其的作用规律，深入研究沟槽的爆破地震效应。

4.4.1　沟槽作用下的爆破振动信号小波包分解

分析表 4.3 中沟槽阻隔实验数据可知，沟槽作用下爆破地震波主频在各测点处比较集中，第 1 测点为 38～58Hz，第 2 测点为 84～106Hz，第 3 测点为 102～120Hz，而第 4 测点为 132～172Hz，在第 5 测点信号频谱曲线上通常表现为多个峰值，并且表现为高主频，其主频带为 60～70Hz 及 104～136Hz。

表 4.3　不同频带小波包重构系数峰值与折算距离的对数关系系数

小波包	频带范围/Hz	拟合曲线 1				拟合曲线 2			
		k	α	corr	折算距离区间/ $(kg^{1/3}/m)$	k	α	corr	折算距离区间/ $(kg^{1/3}/m)$
$P_{5,1}+P_{4,1}$	16～64	$10^{3.42}$	2.36	0.87	0.01～0.024	$10^{7.32}$	5.51	0.95	0.027～0.038
$P_{4,3}$	64～96	$10^{4.51}$	2.95	0.94	0.01～0.23	$10^{5.15}$	3.46	0.97	0.0277～0.037
$P_{4,2}$	96～128	$10^{5.43}$	3.17	0.93	0.01～0.019	$10^{0.63}$	0.43	0.71	0.0138～0.038
$P_{3,3}$	128～192	$10^{5.92}$	3.32	0.94	0.01～0.022	$10^{-1.9}$	-0.89	-0.79	0.014～0.038

在对沟槽作用下爆破地震波进行小波包分解时，可将分析的焦点集中在以

下小波包重构系数上，分别为 $P_{5,1}+P_{4,1}$ 小波包（16～64Hz）、$P_{4,3}$ 小波包（64～96Hz）、$P_{4,2}$ 小波包（96～128Hz）、$P_{3,3}$ 小波包（128～192Hz），各测点爆破地震波均进行上述 4 个频带小波包分解与重构，因此沟槽实验中各炮次爆破地震波频率完全分属于上述各小波包的频带范围内，没有关键频带下地震波分量遗漏。并且这种频带划分没有将爆破地震波中原有主频带分量信号强制分离，即各测点的爆破地震波主振频率区间仍分别属于上述 4 个小波包频带中的某一个，因而，采用这种方法提取出来的信号分量不会影响原爆破地震波的衰减规律及药量、距离和沟槽等因素的作用效果分析。相反，采用这种方法可将上述因素清楚表现出来而便于研究。

　　图 4.10 是采用 db5 小波基对沟槽实验第 2 炮次数据进行小波包分解，得到频率范围为 32～48Hz（对应 $j=-5$，$i=3$ 的 $P_{5,3}$ 小波包）和频率范围为 96～128Hz（对应 $j=-4$，$i=2$ 的 $P_{4,2}$ 小波包）的小波包重构系数及其功率谱曲线。

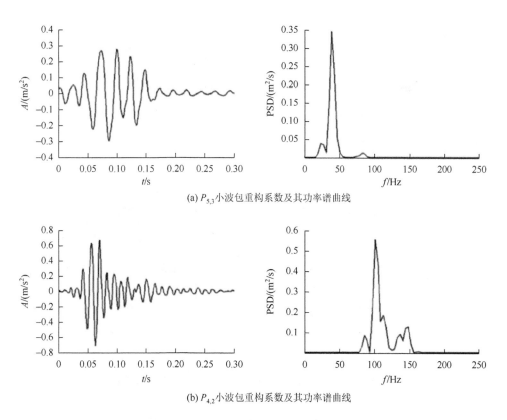

(a) $P_{5,3}$ 小波包重构系数及其功率谱曲线

(b) $P_{4,2}$ 小波包重构系数及其功率谱曲线

图 4.10　沟槽实验不同频带下小波包重构系数及其功率谱曲线

4.4.2　沟槽作用下的爆破振动信号小波包重构系数峰值衰减规律研究

爆破地震波经小波包分解并重构得到上述 4 个频带下小波包系数分量后，从而可以研究沟槽对爆破地震波不同频带分量的作用效果，并对沟槽有效作用区域进行分析。

求解各小波包重构系数峰值的衰减系数时，主要依据以下几点：将沟槽实验中各炮次前 4 个测点数据均进行小波包分解，提取出上述 4 个频带下的小波包系数，得到各频带下系数峰值。

图 4.11 为 4 个小波包重构系数峰值 $A_i (i=1,2,3,4)$ 与折算距离 $\bar{r}$ 的对数关系。

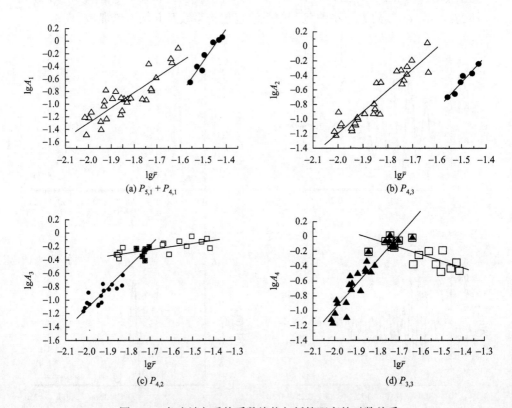

图 4.11　各小波包重构系数峰值与折算距离的对数关系

表 4.3 中 corr 表示相关系数；折算距离区间是指用于回归该线性方程的有关实验数据的折算距离范围，单位为 $\mathrm{kg}^{1/3}/\mathrm{m}$。拟合曲线 2 中 $P_{3,3}$ 小波包系数峰值的线性回归方程的相关系数为负数，表示负相关。

数据分析发现，沟槽作用下的爆破地震波小波包重构系数峰值仍与折算距离符合基本衰减规律，即

$$A = k \cdot \left(\frac{\sqrt[3]{Q}}{R} \right)^{\alpha} = k \cdot (\overline{r})^{\alpha} \qquad (4.22)$$

式中，A 为小波包重构系数峰值；Q 为最大段药量；R 为测点与爆源的径向水平距离；折算距离 $\overline{r} = \sqrt[3]{Q} / R$；$k$、$\alpha$ 为与爆区传播介质相关的衰减系数。

对于同一位置的小波包重构系数峰值均置于同一对数坐标下进行考虑，从中找出线性相关性最强的数据点，进行线性回归方程求解，因而某些数据点在计算中将属于不同方程，见图 4.11（c）和（d）中两直线相交区域。

图 4.11（a）的 $P_{5,1} + P_{4,1}$ 和图 4.11（b）的 $P_{4,3}$ 第 1 测点小波包重构系数峰值均属于线性回归方程 L_2，而其他各测点小波包重构系数峰值与折算距离关系属于线性回归方程 L_1。

数据分析可知，在折算距离为 0.014～0.038kg$^{1/3}$/m，频率分量为 16～64Hz 条件下爆破地震波强度随着折算距离增加，其增长最快；而频率分量为 128～192Hz 的高频爆破地震波与折算距离呈负相关，这一情况为正常爆破地震波衰减规律的异常现象，见图 4.11（d）中拟合直线 L_2。

分析认为，这是由于本实验中开挖的沟槽尺寸较大（长 38m、宽 10m、深 8m），在近沟槽一侧的垂直岩石壁面可以等效为一个直耸状结构体，在距沟槽壁面较小的区域，折算距离为 0.025～0.038kg$^{1/3}$/m，爆破地震波（本实验中孔深比沟槽深度要浅 3m，且爆源距临沟槽一侧的壁面为 5～10m）沿沟槽底部传播到测点一侧时，在近沟槽的某一定距离内，相当于沿该结构体垂直向上传播，而这种传播机制对高频分量的削减作用最为强烈，从而表现为在近沟槽距离下的高频爆破地震波与折算距离呈负相关的特殊现象。

但必须指出：高频爆破地震波在近沟槽处的振动强度仍然要比远距离处的大得多（图 4.11（d））。这是经沟槽底部和沟槽两端绕射而传播过来的应力波到达近沟槽处测点时的叠加结果。离沟槽一定距离后，高频爆破地震波与折算距离的关系则符合基本衰减规律，随着传播距离的增加而衰减，如图 4.11（d）中的回归直线 L_1 所示。

4.5　基于小波包系数的爆破振动预报研究

4.5.1　爆破振动预报研究概况

若能在爆破之前预测爆破振动时程特征、频谱特征及其对结构物的振动效应，这对于采取积极措施有效地控制爆破振动危害具有十分重要的意义。

　　传统的做法是采用质点峰值振动强度来预报和控制爆破振动，其具有简单、快捷的特点。但其在进行数据回归分析时，对于数据的离散度较大的情况，其只能不确定地预报振动的最大峰值。同时其不能提供有关爆破地震波形特征的信息，如振动的时间历程、频谱等。

　　在爆破地震波全历程研究方面主要有线性叠加模型、基于非线性算法的爆破地震预报的神经网络模型、基于弦函数的振动波形模型。但基于单孔波形的线性叠加理论认为各震源的地震波是彼此独立地依直线方向朝周围传播的，在某点相遇时产生波的干涉，然后仍按照原来的方向各自独立地继续传播，没有考虑传播介质的影响，因此对波形频率的确定完全由原基本单孔波形频率决定。只有在震源接近于正弦振动、传播介质的非线性影响不显著时，其对波形进行的叠加才与实测结果基本相符。

　　而基于单孔爆破振动信号的线性叠加模型，是对基本信号振幅调制及时延的原理上所获得的预报信号频率特征，该频率特征由基本单孔波形的最初频率所决定，引入的时延因子会使各波形间发生一定的振相混叠而改变合成信号的频率成分，但它具有对基波频率选择单一性及不可控制方面的缺点。

4.5.2　基于小波包系数的爆破振动预报模型的建立

　　由于爆破地震波是一种非平稳信号，用任何一种数学函数对它的描述，将会丢失其中的许多细节。在已知某测点爆破地震波的条件下，要对其他非测点处的地震波信号波形进行预测，就必须建立在地震波各频带分量衰减规律基础上，这样所获得的预测信号才具有因场地和距离差异而带来的频谱变化规律。

　　前面爆破地震波信号小波及小波包分析表明，爆破地震波单孔波形呈现明显的多频带特征，且各频带内主振频率具有峰值突出且唯一的特性。而且各频带下爆破地震波信号分量作用时间历程各不相同，主振频率各有差异，波形衰减性特征也不同，这实际上正是场地介质对爆破地震波衰减具有选择性的结果。

　　根据小波包分解与重构原理，爆破地震波信号经过小波包分解可得到不同频带下的信号分量，反之，重构后的信号分量叠加则组成原来的爆破地震波信号。爆破地震波信号的预测可以采用小波包技术提取出具有该场地典型特征的爆破地震波不同频带分量，对其小波包系数最高峰值进行归一化处理，作为预报模型的一个基本函数，其数学表达式为

$$s(t) = \sum_{j,k=1}^{N} s_{j,k}(t), \quad N = 1,2,3,\cdots \tag{4.23}$$

式中，$s_{j,k}(t)$ 为不同频带下信号分量时间历程的基本描述函数；j、k 对应于小波包分解层数和各层中信号分量的顺序。

为了使预测模型能反映该实验场地爆破地震波不同频带振动分量的衰减规律，需要对式（4.23）施加一个权函数来满足此要求。前面研究结果表明，不同频带下的小波包重构系数峰值与折算距离在对数坐标中具有线性关系，且符合基本衰减关系式：

$$A = k_{j,k}\left(\frac{\sqrt[3]{Q}}{R}\right)^{\alpha} = k_{j,k}(\overline{r})^{\alpha_{j,k}} \tag{4.24}$$

式中，$k_{j,k}$、$\alpha_{j,k}$ 分别为该场地介质条件下小波包不同频带信号分量随折算距离 $\overline{r}$ 变化的场地衰减系数，其值与场地介质特性、信号分量所处的小波包频带有关。

因此，采用已知测点可以预测未知测点的爆破地震波信号，$s(t,\overline{r})$ 小波包系数预报模型为

$$s(t,\overline{r}) = \sum_{j,k=1}^{N} k_{j,k}(\overline{r})^{\alpha_{j,k}} s_{j,k}(t), \quad N = 1,2,3,\cdots \tag{4.25}$$

由式（4.25）可知，该模型充分考虑了爆破地震波不同小波包主振频带下细节信号的不同衰减特性，其能够反映出爆破地震波的细节信息。且根据式（4.25）进行爆破地震波的预报时，应当先选取各频带下小波包重构系数 $s_{i,j}(t)$，然后对其最高峰值进行归一化处理。

4.5.3　基于小波包系数的爆破振动预报模型的应用实例分析

根据小波包对分析频率的二分法原则，在研究本次无阻隔实验中爆破地震波各频带振动分量的衰减规律时，主要研究 16～64Hz、64～96Hz、96～128Hz 及 128～196Hz 频带下的小波包系数，因此 $s_{j,k}(t)$ 取为本次研究中某次实测爆破地震波在上述 4 个频带下小波包重构系数，并根据其各小波包重构系数峰值与折算距离 $\overline{r}$ 的关系来确定 $k_{j,k}(\overline{r})^{\alpha_{j,k}}$，衰减系数 k、α 的选取值如表 4.3 所示。

表 4.4 给出了采用基于小波包系数的爆破振动预报模型，对本实验部分炮次各测点处的爆破地震波加速度预报值与实测值进行对比。

表 4.4　基于小波包系数的爆破地震波加速度预报值与实测值对比

炮次	测点 1		测点 2		测点 3		测点 4	
	实测值	预报值	实测值	预报值	实测值	预报值	实测值	预报值
13	3.4670	2.8751	2.3940	1.8503	1.0701	1.1090	1.3490	0.8683
14	2.1210	2.6547	1.9010	1.7528	1.0241	1.0267	0.6030	0.7927
15	2.1870	2.3380	1.5161	1.5129	0.7371	0.9220	0.5850	0.7201
16	5.0950	2.6356	2.2610	1.7019	1.2091	1.0347	0.9130	0.8079

炮次	测点 1		测点 2		测点 3		测点 4	
	实测值	预报值	实测值	预报值	实测值	预报值	实测值	预报值
17	1.9940	2.1647	2.1712	1.3328	1.0151	0.7700	0.7580	0.5867
18	3.3660	3.1536	2.2150	1.8528	0.9671	1.1005	0.8250	0.8506
19	1.8761	2.0439	1.3760	1.4453	0.4341	0.6013	0.3370	0.4513
20	1.5021	1.6824	1.2190	0.9746	0.4481	0.5296	0.3500	0.3975
21	5.3753	4.3794	3.8940	2.4744	1.2901	1.3090	1.3090	1.0031
22	3.2772	2.2866	1.5002	1.3540	0.6411	0.7694	0.5360	0.5865

从各炮次不同测点处预报值与实测值的对比可知，除个别测点外，预报精度是比较高的，这表明该模型对爆破地震波加速度峰值预报是具有一定精度的。

图 4.12 中采用第 14 炮次实验在测点 1 处的小波包系数对测点 2 处信号进行预报，图中同时也给出了测点 2 处实测爆破地震波形及频谱。从预报波形来看，其主振峰值个数、振动持续时间、主频带个数及带宽等均与实测爆破振动信号具有较好的一致性，预报信号在细节方面也表现出了较高程度的逼近。这是因为该预报模型直接采用了主频带小波包系数作为基函数，其中包括高频带小波包系数；

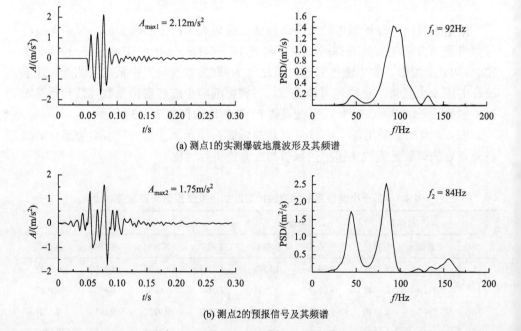

(a) 测点1的实测爆破地震波形及其频谱

(b) 测点2的预报信号及其频谱

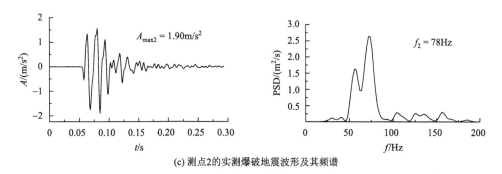

(c) 测点2的实测爆破地震波形及其频谱

图 4.12　爆破地震波预报信号与实测信号波形及其频谱对比

从预报波形谱分析可知，它在频率预报（频率随折算距离变化特性、主振频带个数及带宽）方面也体现了良好的性能。

第5章 爆破地震波信号提升小波分析方法

经典的第一代小波变换是基于传统的傅里叶分析发展而来的，算法本身在一定程度上受傅里叶变换的限制。1995 年，Sweldens 提出了提升算法，该算法不依赖于傅里叶变换，被称作 SGWT。SGWT 具有许多优点，主要体现在以下几方面：

（1）SGWT 能够开展小波多分辨率分析，可实现原地运算，占用空间小，而且与 Mallat 算法相比，运算效率提高一倍。

（2）SGWT 技术可在时域上通过不同的预测算子和更新算子构造出具有某些特殊功能的小波基函数，且可用于非等间隔采样数据的分析处理。

（3）SGWT 由分解、预测、更新三步组成，逆变换的实现非常简单，正变换和逆变换之间属于逆运算关系。

（4）任何离散小波变换均能由提升方案来实现，大大提高了 SGWT 技术的应用范围。

5.1 提升算法的理论基础

5.1.1 广义小波与第二代小波

SGWT 是 1995 年由 Sweldens 提出的一种采用提升模式构造小波的方法。从理论上讲，任何一种提升格式都对应着一个广义小波。Sweldens 指出在等间隔采样和无加权函数的情况下，我们可以根据待分析信号特征，通过调整预测算子和更新算子来构造新的小波，具有较好的灵活性，能够更好地满足实际问题需要。1998 年，Daubechies 与 Sweldens[57]证明所有能够采用 Mallat 算法实现的第一代小波变换均可采用提升算法来实现。因此，提升算法是小波变换的另一种实现方法，但信号经过小波变换后的特性取决于信号本身的特征及所选用的小波基函数，而与所采用的实现方法无关。

5.1.2 提升算法基本原理

提升算法的核心思想是将现有的小波滤波器分解成基本的构造模块。将小波变换分解为分解、预测和更新，其分解重构示意图如图 5.1 所示。

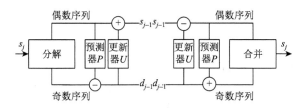

图 5.1　提升小波分解重构示意图

假定一个振动测试数据的采样序列 $S = \{s_k, k \in \mathbf{Z}, s_k \in \mathbf{R}\}$，同时假定该信号的长度为 2^k，进行一次小波分解后所得近似序列和细节序列分别用 s_{k-1} 和 d_{k-1} 表示，长度均为 2^{k-1}。同理，如果信号的近似序列和细节序列分别为 s_{k-1} 和 d_{k-1}，经过小波逆变换后得到的信号序列用 s_k 表示，其长度为 2^k。信号分解过程如下所示。

（1）分解。将采样序列 $\{s(k), k \in \mathbf{Z}\}$ 分解为奇数序列 $s_o = \{s_o(k), k \in \mathbf{Z}\}$ 和偶数序列 $s_e = \{s_e(k), k \in \mathbf{Z}\}$，这种分解称为懒小波变换，其中：

$$s_o(k) = s(2k+1), \quad k \in \mathbf{Z} \tag{5.1}$$

$$s_e(k) = s(2k), \quad k \in \mathbf{Z} \tag{5.2}$$

（2）预测，也称为对偶提升。在基于原始数据相关性的基础上，用偶数序列 s_e 的预测值 $P[s_e(k)]$ 去预测（或内插）奇数序列 s_o，即将 $P(\cdot)$ 对偶数信号作用以后作为奇数信号的预测值，奇数信号的实际值与预测值相减得到残差信号。实际中，虽然不能从 $s_o(k)$ 中准确预测 $s_e(k)$，但 $P[s_e(k)]$ 很接近 $s_e(k)$，因此可用 $P[s_e(k)]$ 和 $s_e(k)$ 的差来代替原来的 $s_e(k)$，这样产生的 $s_e(k)$ 比原的 $s_e(k)$ 包含更少的信息。定义预测偏差为细节信号：

$$d(k) = s_o(k) - P[s_e(k)], \quad k \in \mathbf{Z} \tag{5.3}$$

（3）更新，也称为原始提升或提升。为了使原信号集的某些全局特性在其子集中继续保持，同时消除分解过程中产生的频率混叠效应，必须进行更新。更新的基本思想是找到一个更好的子集，使它保持原信号的均值、高阶消失矩不变。设 $U(\cdot)$ 为更新器，在细节信号序列 $D = \{d(k), k \in \mathbf{Z}\}$ 的基础上更新 $s_e(k)$，其结果定义为逼近信号 $c(k)$：

$$c(k) = s_e(k) + U(D), \quad k \in \mathbf{Z} \tag{5.4}$$

从上述基本原理可以看出，提升算法通过对采样数据进行迭代来实现多分辨率分解的多级变换。

从频域角度分析，预测 $P[s_e(k)]$ 意味着平滑，可看作低频；细节信号 $d(k)$ 意味着信号在局部区域内与低频分量之间的误差，体现了信号 $s(k)$ 中的高频分量，$d(k)$ 又称为小波系数，小波系数越小表示预测平滑得越精确，预测效果越好；逼

近信号 $c(k)$ 反映了信号中的低频成分。继续对 $c(k)$ 分解，就可以得到下一层的近似信号和细节信号，以此类推。

提升小波变换的重构过程是分解过程的逆过程。信号重构由恢复更新、恢复预测、奇偶采样序列合并三步构成，由提升算法的小波分解结果经过相同的预测算子和更新算子运算，并改变运算符号可得到以下操作。

（1）恢复更新：$s_e(k) = c(k) - U(D)$ 。 　　　　　　　　　　　　　　　（5.5）

（2）恢复预测：$s_o(k) = d(k) + P[s_e(k)]$ 。 　　　　　　　　　　　　（5.6）

（3）奇偶采样序列合并：$s(k) = \mathrm{merge}[s_o(k), s_e(k)]$ 。 　　　　　　（5.7）

5.1.3　第二代小波构造

1. 插值细分小波构造

用提升算法和 Mallat 算法只需要滤波器系数就可以实现信号的分解重构，并不需要知道尺度函数和小波函数的具体表达式。当分析小波函数的特性对信号分析结果的影响时，再研究小波函数和尺度函数的具体形式。

1）提升算法构造小波的步骤

根据提升小波理论，每一个采样序列 $s_{j,k}(k)$ 都与一个尺度函数 $\varphi_{j,k}(x)$ 相对应，任意给定一个 δ 序列使 $s_{j,k} = \delta_{j,k}$，对其进行插值细分直到无穷时可生成一个尺度函数 $\varphi_{j,k}(x)$。当间隔采样时，$\varphi_{j,k}(x)$ 与由 $s_{0,0} = \delta_{0,0}$ 插值生成的 $\varphi_{0,0}(x) = \varphi(x)$ 之间满足第一代小波的双尺度方程

$$\varphi_{j,k}(x) = \varphi(2^j - k) \tag{5.8}$$

同理，每一个 $d_{j,k}$ 均与一个小波函数 $\psi_{j,k}(x)$ 相对应，任意给定一序列 $d_{j,k} = \delta_{j,k}$，对它做一次小波提升逆变换后进行插值细分直到无穷即可生成一个小波函数 $\psi_{j,k}(x)$；当等间隔采样时，$\psi_{j,k}(x)$ 与由 $d_{0,0} = \delta_{0,0}$ 生成的小波母函数 $\psi_{0,0}(x) = \psi(x)$ 满足第一代小波的双尺度方程

$$\psi_{j,k}(x) = \psi(2^j - k) \tag{5.9}$$

2）P 和 U 的设计

从提升算法构造第二代小波基本原理可以看出，预测系数 P 和更新系数 U 的选取是第二代小波构造的关键，关系到信号分析的效果。预测系数 P 选取的关键是使预测精确，预测越精确，平滑的效果越好，更能有效地分解出高频信号，而更新系数 U 选取的关键在于使得更新后的低频成分的均值、高阶矩等与原信号保持不变。当运算实时性要求不高时，预测系数 P 可以直接通过 Neville 插值算法求

出，然后再通过构造辅助序列的方法来确定更新系数 U。当数据处理对实时性要求较高时，可预先求出预测系数 P 和更新系数 U，然后根据式（4.1）～式（4.7）可完成提升小波的分解与重构。

3）插值细分小波构造

已知 $N+1$ 个互不相同的点 $x_0, x_1, \cdots, x_N$ 处的函数值为 $y_0, y_1, \cdots, y_N$，且 $y_i = f(x_i)$，$i = 0, \cdots, N$，则存在唯一一个次数不大于 N 的多项式 $L_n(x)$，使 $L_n(x_i) = f(x_i)$，那么

$$L_n(x) = \sum_{i=0}^{N} y_i L_{n,i}(x) \tag{5.10}$$

式中，$L_{n,i}(x) = \prod_{\substack{i=0 \\ i \neq k}}^{N} \dfrac{x - x_i}{x_k - x_i}$。 $\tag{5.11}$

每次细分时，取 N 个（$N = 2D, D \in \mathbf{Z}^+$）已知样本 $y_{j,k-D+1}, \cdots, y_{j,k}, \cdots, y_{j,k+D}$，并假定这些样本是等时间隔采样的，其对应的采样时刻为 $x_k + 1, x_k + 2, \cdots, x_k + N, x_k$ 为任意的起始时间，通过细分产生新的采样值处于这些已知样本的中间位置，插值点（或预测点）为 $x = x_k + (N+1)/2$，这样预测系数可用式（5.12）确定，即

$$p_i = L_{n,i}(x) = \prod_{\substack{i=0 \\ i \neq k}}^{N} \frac{(N+1)/2 - i}{k - i} \tag{5.12}$$

式（5.12）求系数的运算实际上与 x_k 无关，为了简便起见，可取 $x_k = 0$。

当 $N = 6, 8$ 时，根据式（5.12）求得预测系数如表 5.1 所示。

表 5.1　预测系数

算子阶数 N	$p_{j,k-3}$	$p_{j,k-2}$	$p_{j,k-1}$	$p_{j,k}$	$p_{j,k+1}$	$p_{j,k+2}$	$p_{j,k+3}$	$p_{j,k+4}$
6		0.01117	−0.0977	0.5859	−0.0977	0.0117		
8	−0.0024	0.0239	−0.1196	0.5981	0.5981	−0.1196	0.0239	−0.0024

设信号 s 为一个 δ 序列，即

$$s = [0\,0\,0\,1\,0\,0\,0] \tag{5.13}$$

重构关系可简化为

$$s_{j+1,2k} = s_{j,k}, \quad s_{j+1,2k+1} = p(x_{j+1,2k+1}) \tag{5.14}$$

根据式（5.14）对 s 进行插值细分，利用 $k-1, k, k+1, k+2$ 的 $s_{j,k}$ 值预测 $s_{j+1,2k+1}$ 的值，插值边界采用补零的方法进行处理，采用上述插值细分方法通过 MATLAB 编制计算程序，经过 20 次迭代后生成的尺度函数 $\varphi(x)$ 与小波函数 $\psi(x)$ 的波形如图 5.2 所示。

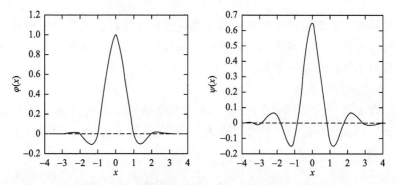

图 5.2　SGW(6, 6)尺度函数 $\varphi(x)$ 与小波函数 $\psi(x)$ 的波形

构造小波函数，需要先设计更新系数 U，更新系数的作用是保证小波变换前后信号的均值、低阶消失矩不变。当 $N = \tilde{N}$（ N 为预测器的个数，$\tilde{N}$ 为更新器的个数）时，可以直接将预测器系数除以 2 作为更新系数。

假设更新系数 $(\tilde{N} = 6)$ 的结构为

$$\begin{cases} U(x) = UD \\ U = [u_1, u_2, u_3, u_4, u_5, u_6] \\ D = [d_{j,k-3}, d_{j,k-2}, d_{j,k-1}, d_{j,k}, d_{j,k+1}, d_{j,k+2}] \end{cases} \tag{5.15}$$

式中，U 和 D 分别为更新系数和细节信号序列。与尺度函数的构造类似，设细节信号为 δ 序列，近似信号 s 为零序列，参照图 5.1 中小波重构部分，进行一次提升算法逆变换，信号的偶数序列为

$$s_e = [0 - u_6 - u_5 - u_4 - u_3 - u_2 - u_1] \tag{5.16}$$

该序列经过预测系数 $P(\cdot)$ 进行恢复预测运算，得到信号的奇数序列：

$$s_o = D + P(s_e) \tag{5.17}$$

由式（5.16）和式（5.17）可得 s_o，对 s_o 按照式（5.17）进行插值细分，经过 20 次迭代可得到相应的小波函数，如图 5.3 所示。

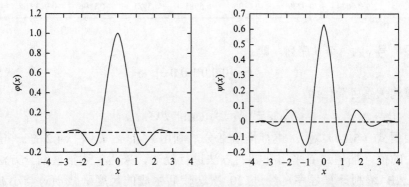

图 5.3　SGW(8, 8)尺度函数 $\varphi(x)$ 与小波函数 $\psi(x)$ 的波形

基于提升模式的尺度函数和小波函数是对称的、紧支撑的，并且具有冲击形状。当 N 和 $\tilde{N}$ 较小时，尺度函数和小波函数的支撑区间较小；反之，支撑区间较大，具有较好的连续性。一般地，支撑区间小的小波函数适合于处理非平稳信号，小波系数能够有效地描述信号的瞬态分量，而支撑区间大且连续性较好的小波适合于描述稳态信号。爆破振动信号具有典型的短时非平稳特性，因此采用 SGW(6, 6) 和 SGW(8, 8)进行爆破振动信号分析。

2. 提升 db 小波构造

Daubechies 系列小波具有较好的紧支性、光滑性及近似对称性，并已成功地应用于包括爆破振动信号在内的非平稳信号分析。该小波系数按正整数 N 具有不同的序列（db$N$），本节采用 MATLAB 中提供的提升方案（lifting schemes）liftingdb6、liftingdb8 与基于插值细分的第二代小波 SGW(6, 6)、SGW(8, 8)用于爆破振动信号去噪，并对去噪结果进行对比分析。

（1）db6 的劳伦多项式如下所示。

Hs(z) = $\cdots$ + 0.1115 + 0.4946*z^(–1) + 0.7511*z^(–2) + 0.3153*z^(–3)–0.2263*z^(–4)–0.1298*z^(–5) + 0.0975*z^(–6) + 0.02752*z^(–7)–0.03158*z^(–8) $\cdots$ + 0.0005538*z^(–9) + 0.004777*z^(–10)–0.001077*z^(–11)

Gs(z) = $\cdots$ + 0.001077*z^(+ 10) + 0.004777*z^(+ 9)–0.0005538*z^(+ 8)–0.03158*z^(+ 7) $\cdots$ –0.02752*z^(+ 6) + 0.0975*z^(+ 5) + 0.1298*z^(+ 4)–0.2263*z^(+ 3) $\cdots$ –0.3153*z^(+ 2) + 0.7511*z^(+ 1)–0.4946 + 0.1115*z^(–1)

Ha(z) = $\cdots$ + 0.1115 + 0.4946*z^(–1) + 0.7511*z^(–2) + 0.3153*z^(–3)–0.2263*z^(–4)$\cdots$–0.1298*z^(–5) + 0.0975*z^(–6) + 0.02752*z^(–7)–0.03158*z^(–8)$\cdots$ + 0.0005538*z^(–9) + 0.004777*z^(–10)–0.001077*z^(–11)

Ga(z) = $\cdots$ + 0.001077*z^(+ 10) + 0.004777*z^(+ 9)–0.0005538*z^(+ 8)–0.03158*z^(+ 7)$\cdots$–0.02752*z^(+ 6) + 0.0975*z^(+ 5) + 0.1298*z^(+ 4)–0.2263*z^(+ 3)$\cdots$ –0.3153*z^(+ 2) + 0.7511*z^(+ 1)–0.4946 + 0.1115*z^(–1)

（2）db8 的劳伦多项式如下所示。

Hs(z) = $\cdots$ + 0.05442 + 0.3129*z^(–1) + 0.6756*z^(–2) + 0.5854*z^(–3)–0.01583*z^(–4) $\cdots$ –0.284*z^(–5) + 0.0004725*z^(–6) + 0.1287*z^(–7)–0.01737*z^(–8) $\cdots$ –0.04409*z^(–9) + 0.01398*z^(–10) + 0.008746*z^(–11)–0.00487*z^(–12) $\cdots$ –0.0003917*z^(–13) + 0.0006754*z^(–14)–0.0001175*z^(–15)

Gs(z) = $\cdots$ + 0.0001175*z^(+ 14) + 0.0006754*z^(+ 13) + 0.0003917*z^(+ 12)–0.00487*z^(+ 11)$\cdots$–0.008746*z^(+ 10) + 0.01398*z^(+ 9) + 0.04409*z^(+ 8)–0.01737*z^(+ 7) $\cdots$ –0.1287*z^(+ 6) + 0.0004725*z^(+ 5) + 0.284*z^(+ 4)–0.01583*z^(+ 3)$\cdots$ –0.5854*z^(+ 2) + 0.6756*z^(+ 1)–0.3129 + 0.05442*z^(–1)

Ha(z) = ⋯ + 0.05442 + 0.3129*z^(–1) + 0.6756*z^(–2) + 0.5854*z^(–3)–0.01583*z^(–4) ⋯ –0.284*z^(–5) + 0.0004725*z^(–6) + 0.1287*z^(–7)–0.01737*z^(–8) ⋯ –0.04409*z^(–9) + 0.01398*z^(–10) + 0.008746*z^(–11)–0.00487*z^(–12) ⋯ –0.0003917*z^(–13) + 0.0006754*z^(–14)–0.0001175*z^(–15)

Ga(z) = ⋯ + 0.0001175*z^(+ 14) + 0.0006754*z^(+ 13) + 0.0003917*z^(+ 12)–0.00487*z^(+ 11) ⋯ –0.008746*z^(+ 10) + 0.01398*z^(+ 9) + 0.04409*z^(+ 8)–0.01737*z^(+ 7) ⋯ –0.1287*z^(+ 6) + 0.0004725*z^(+ 5) + 0.284*z^(+ 4)–0.01583*z^(+ 3) ⋯ –0.5854*z^(+ 2) + 0.6756*z^(+ 1)–0.3129 + 0.05442*z^(–1)

5.1.4 算法复杂性分析

我们对传统的第一代小波变换与提升算法复杂性进行对比分析。为比较不同小波算法的运算效率，需基于确定的度量准则定义算法的计算复杂度为进行一级分解获得一组系数 (s_l, d_l) 时所需乘法及加法次数之和。

Daubechies 和 Sweldens[57]指出，采用提升算法中滤波器 h 的计算复杂度为 $2|h|+1$，其中包括 $|h|+1$ 次乘法和 $|h|$ 次加法。因此标准算法的计算复杂度为 $2(|h|+|g|)+2$。若滤波器 $|h|$ 对称且为偶数长度，则复杂度为 $3|h|/2+1$。

更为一般地，当 $|h|$ 不对称时，假设滤波器长度 $|h|=2N$，$|g|=2M$，且 $M \geqslant N$，则标准算法的计算复杂度为 $4(N+M)+2$。为不失一般性，假设 $|h_e|=N$，$|h_o|=N-1$，$|g_e|=M$，$|g_o|=M-1$。根据 Euclidean 算法，算法复杂性在于考虑多项式矩阵的运算次数。计算 (h_e, h_o) 需要 N 个时间步，计算 (g_e, g_o) 需要额外的提升步骤 $|s|=M-N$ 来完成。

提升算法的总体复杂度为

$$
\begin{array}{ll}
\text{缩放:} & 2 \\
\text{提升步骤:} & 4N \\
\text{最终提升步骤:} & 2(M-N+1) \\
\hline
\text{总步骤} & 2(N+M+2)
\end{array}
\tag{5.18}
$$

上述结论中每进行一次 Euclidean 除法均需要 N 个时间步。但在特定环境下 Euclidean 算法可能需要的时间步长少于 N。插值算法即为一个特例，采用 2 个时间步长的计算即可建立任意长度的滤波器。第一代小波变换中基于插值算法的计算复杂度为 $3(N+\tilde{N})-2$，提升算法的计算复杂度为 $3/2(N+\tilde{N})$。表 5.2 中为小波变换计算复杂性。

表 5.2 小波变换计算复杂性

小波	标准算法	提升算法	速度提升/%
插值算法	$3(N+\tilde{N})-2$	$3/2(N+\tilde{N})$	≈100%
$|h|=2N$, $|g|=2M$	$4(N+M)+2$	$2(N+M+2)$	≈100%

具体的小波构造和变换过程中计算复杂度会存在微小差异。表 5.3 中列出常用小波的计算复杂性。从表 5.3 中可以看出，对于长度较长的滤波器在进行小波变换时其计算复杂度约等于标准算法的 1/2，运算速度提高很多，足见提升算法相对于标准算法具有较为明显的优势。

表 5.3　常用小波计算复杂性

小波	标准算法	提升算法	速度提升/%
db2	14	10	40
db4	30	18	67
db6	46	26	77
db8	62	34	82
(2, 2)	10	6	67
(4, 4)	22	12	83
(6, 6)	34	18	89
(8, 8)	46	24	92

5.2　基于 SGWT 的爆破振动信号去噪

传统小波去噪中，小波分解采用信号与小波基进行卷积运算，因此小波分解的结果与所采用小波基的形状密切相关，一旦选用不适当的小波基函数会冲淡振动信号的局部特征信息，造成原始信号的细节信息丢失。为解决上述问题，本节依据采样序列基偶空间的相关性，采用插值细分小波 SGW 和提升 db 小波进行爆破振动信号的第二代小波阈值去噪。

信号采样频率为 1024kHz，取 2000 个采样点，实测爆破振动含噪信号如图 5.4 所示。时域波形中混杂有毛刺及测试系统带来的方波干扰信号。图 5.5

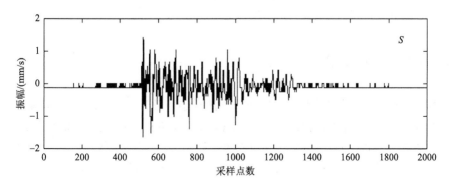

图 5.4　实测爆破振动含噪信号

为采用 SGW(6, 6)分解三层后的三维时频谱，从图中可以看出该信号中含有 200～250Hz 的高频噪声分量。

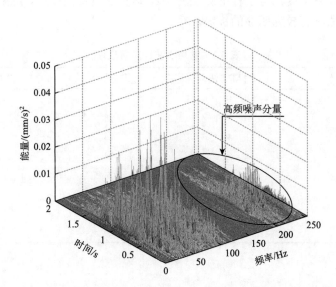

图 5.5　爆破振动含噪信号采用 SGW(6, 6)分解三层后的三维时频谱

5.2.1　降噪算法

爆破振动信号小波降噪过程如下所示。

（1）采用提升算法对信号进行多尺度分解。

（2）对分解所得高频细节信号进行阈值处理。

（3）将逼近信号和经阈值处理后的细节信号进行重构，得到降噪后的爆破振动信号。

（4）去噪效果分析。

5.2.2　提升小波变换

根据提升小波变换原理及插值细分小波构造算法，采用 MATLAB 编程，分别采用上述构造的基于插值细分的 SGW(6, 6)、SGW(8, 8)和提升小波变换的 db6、db8 小波进行小波分解，分解层数为 3 层，如图 5.6～图 5.9 所示。a3 为第 3 层逼近信号，体现爆破振动信号的低频分量，d3～d1 为细节信号，体现爆破振动信号的高频分量。

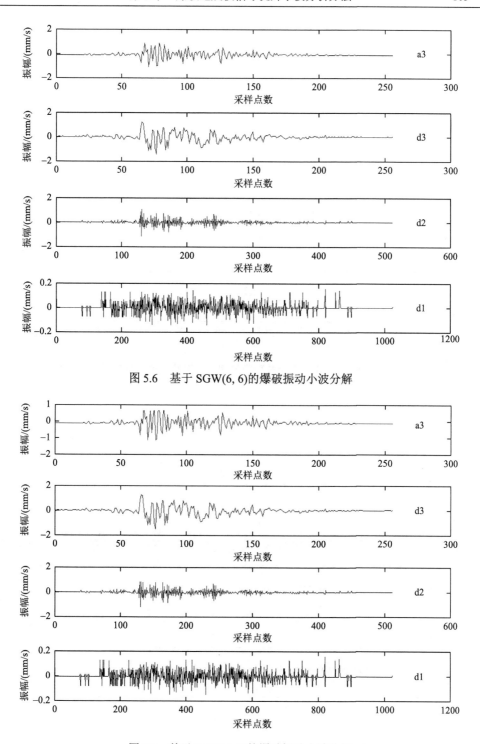

图 5.6　基于 SGW(6, 6)的爆破振动小波分解

图 5.7　基于 SGW(8, 8)的爆破振动小波分解

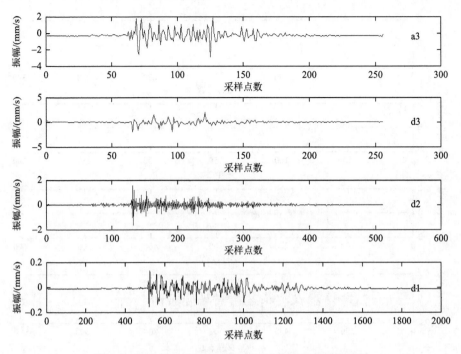

图 5.8　基于提升小波变换的 db6 的爆破振动小波分解

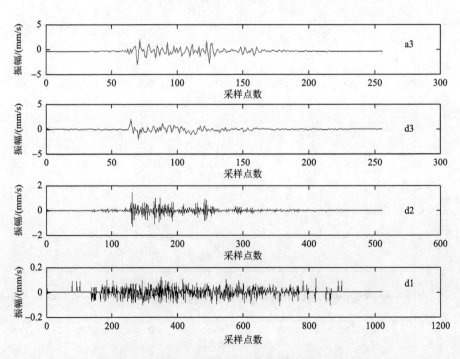

图 5.9　基于提升小波变换的 db8 的爆破振动小波分解

5.2.3　阈值去噪

对含噪信号进行第二代小波变换，噪声也会产生高频系数，故高频细节分量是信号和噪声高频系数的叠加，需要选择合适的阈值，使噪声能够和信号相对应的小波系数合理地区分开来，实现爆破振动信号的信噪分离。

Donoho 和 Johnstone[58, 59]提出软阈值处理法：

$$\hat{d}(k) = \text{sgn}[d(k)] \cdot [\,|d(k)| - T_j] = \begin{cases} 0, & |d(k)| \leqslant T_j \\ d(k) - T_j, & d(k) > T_j \\ d(k) + T_j, & d(k) < -T_j \end{cases} \tag{5.19}$$

式中，各个尺度的阈值按式（5.20）确定：

$$T_j = \frac{\sigma\sqrt{2\lg(N)}}{\lg(j+1)} \tag{5.20}$$

T_j 为各分解尺度对应的阈值，j 为分解尺度；

$$\sigma = \frac{\text{median}(|d_j(k)|)}{0.6745} \tag{5.21}$$

爆破振动信号的噪声方差 σ 未知，由式（5.21）进行估计，median($\cdot$)为中值函数。

根据式（5.19）～式（5.21），可在提升小波分解的基础上对高频系数实现软阈值去噪。

图 5.10 表示分别采用基于插值细分的二代小波 SGW(6, 6)、SGW(8, 8)和基于提升小波变换的 db 小波 liftingdb6、liftingdb8 经过 3 层提升小波变换之后，由分解尺度 $j = 3$ 的逼近信号 a3 和各个尺度阈值处理后的细节信号 $\hat{d}3$、$\hat{d}2$、$\hat{d}1$ 重构

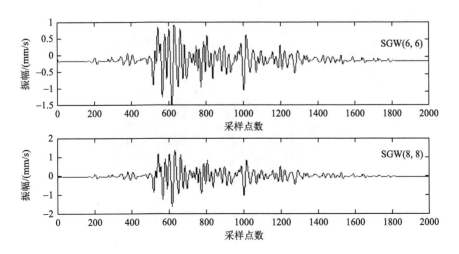

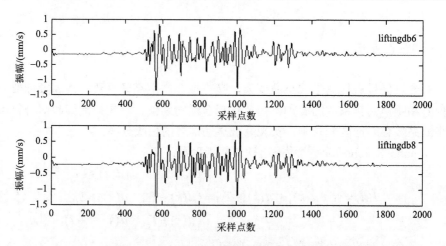

图 5.10　去噪后的爆破振动信号时程曲线

获得去噪处理后的爆破振动波形。由图 5.10 可以看出，已经基本消除了爆破振动监测信号中由于测试系统和环境噪声带来的干扰。

图 5.11 为采用 liftingdb6 小波去噪后的爆破振动三维时频谱，与图 5.5 中原爆破振动测试信号的三维时频谱进行比较可以看出经过第二代小波去噪后 200～250Hz 频段内的高频噪声被基本滤除，爆破振动信号主要能量集中在 0～100Hz 频段内，爆破振动信号能量随时间、频率变化而体现的衰减特征可以被清晰地识别。

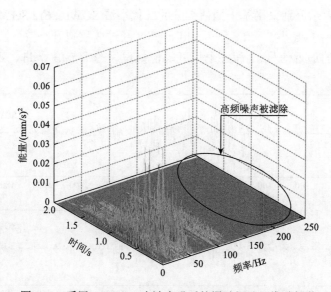

图 5.11　采用 liftingdb6 小波去噪后的爆破振动三维时频谱

5.2.4　去噪效果分析

图 5.12 为采用上述 4 个第二代小波进行爆破振动信号去噪后的相对误差分析，可以看出提升 db 小波相对插值细分小波 SGW 去噪前后的相对误差较小。为定量研究 SGWT 在爆破振动信号去噪分析中的应用效果，引入 RMSE、SNR、峰值误差（peak error，PE）作为评价标准。

$$\text{RMSE} = \sqrt{\frac{1}{N}\sum_{i=1}^{N}(s_i - \hat{s}_i)} \tag{5.22}$$

$$\text{SNR} = 10 \times \lg\left[\sum_{i=1}^{N}s_i^2 \Big/ \sum_{i=1}^{N}(s_i - \hat{s}_i)^2\right] \tag{5.23}$$

$$\text{PE} = \max_{i=1}^{N}(|s_i - \hat{s}_i|) \tag{5.24}$$

式（5.22）～式（5.24）中 $s_i(i=1,2,\cdots,N)$ 为实测爆破振动信号采样值，$\hat{s}_i(i=1,2,\cdots,N)$ 为经过去噪后的重构信号，N 为采样点数。

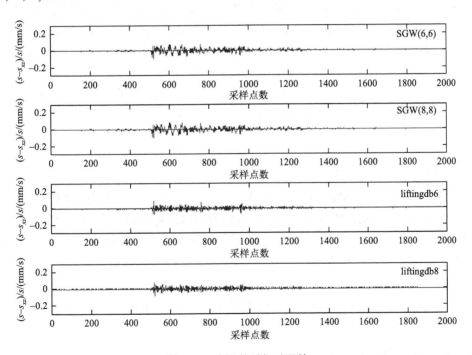

图 5.12　去噪前后相对误差

分析图 5.10 中 4 种提升小波去噪后的振动信号重构图，并和图 5.13 中的降噪效果进行对比，可以得出以下结论。

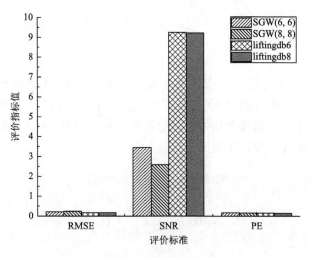

图 5.13　降噪效果对比

（1）本节所采用的基于 4 种提升小波的第二代小波阈值去噪均能有效地滤除爆破振动测试信号中包含的高频噪声。对同一爆破振动信号进行去噪分析，在选定同样阈值条件下，liftingdb6 可以得到最小的 RMSE、最高的 SNR 和较小的 PE，去噪效果较其他提升小波改善明显。对于插值细分小波系列，SGW(6, 6)的去噪效果优于 SGW(8, 8)；对于提升 db 小波系列，liftingdb6 的去噪效果优于 liftingdb8。

（2）基于提升算法的 db 小波相对基于插值细分法构造的 SGW 小波在去噪过程中获得相近的 RMSE、PE，但提升算法的 db 小波相对插值细分法构造的 SGW 提高了 SNR。主要原因在于提升算法的 db 小波的函数波形比基于插值细分法构造的 SGW 的小波函数波形与爆破振动波形具有更强的相似性。

（3）基于插值细分的第二代小波变换，当 $(N, \hat{N})$ 给定后，运算量与 $\lg(N-1)/(N_{\max}-1)$ 成正比，Mallat 小波分解运算量与 $N \lg N$ 成正比，在同样数据长度下，提升算法的 db 小波比传统 db 小波变换速度提高很多，但和相同支集的插值细分小波变换相比，运算量较大，运算速度较慢。因此基于插值细分的第二代小波变换具有更高的信号处理效率。

5.3　基于 SGWPT 改进算法的爆破振动信号去噪

5.3.1　提升小波包标准算法

根据提升小波变换原理及小波包变换的定义，基于插值细分小波 $(N, \hat{N})$ 的提升小波包的变换过程如下所示。

分解算法：

（1）分解：对第 $(j,n)(n=1,2,\cdots,2^j)$ 个节点系数进行奇偶分裂 d_{no}^j, d_{ne}^j。

（2）预测：由式（5.25）得到第 $(j+1,2n)$ 个节点的系数。

$$d_{2n}^{j+1}[k] = d_{no}^j[k] - \sum_{l=1}^{N} p[l] d_{ne}^j[k+l-N] \tag{5.25}$$

式中，$p[l](l=1,2,\cdots,N)$ 为预测器系数。

（3）更新：由式（5.26）得到第 $(j+1,2n+1)$ 个节点的系数。

$$d_{2n+1}^{j+1}[k] = d_{ne}^j[k] + \sum_{i=1}^{\tilde{N}} u[l] d_{2n}^{j+1}[k+l-\tilde{N}] \tag{5.26}$$

式中，$u[l](l=1,2,\cdots,\hat{N})$ 为更新器系数。

重构算法：

（1）反更新：由第 $(j+1,2n)$, $(j+1,2n+1)$ 个节点系数求第 (j,n) 个节点的偶系数。

$$d_{ne}^j[k] = d_{2n+1}^{j+1}[k] - \sum_{i=1}^{\tilde{N}} u[l] d_{2n}^{j+1}[k+l-\tilde{N}] \tag{5.27}$$

（2）反预测：由第 $(j+1,2n+1)$ 个节点系数和第 (j,n) 个节点的偶系数求取第 (j,n) 个节点的奇系数。

$$d_{no}^j[k] = d_{2n}^{j+1}[k] + \sum_{i=1}^{N} p[l] d_{ne}^j[k+l-N] \tag{5.28}$$

（3）合并：将奇系数 d_{no}^j 与偶系数 d_{ne}^j 合并得到第 (j,n) 个节点的系数 d_n^j。

提升小波包两级分解与重构示意图如图 5.14 所示。

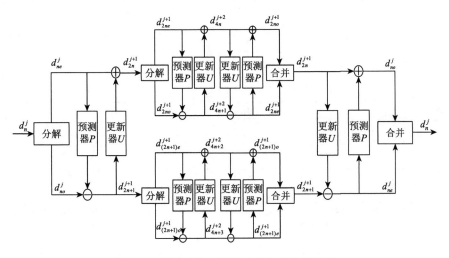

图 5.14　提升小波包两级分解与重构示意图

图 5.14 中，提升小波包变换用更新器和预测器代替了经典 Mallat 算法的低通

滤波器和高通滤波器，在时域内进行算术运算，实现简单、效率高。与经典小波变换相比，提升小波包变换技术综合了小波包和提升算法二者的优点。

　　图 5.15 为典型爆破振动信号及功率谱分析。爆破振动信号测试时设置的采样频率为 1024Hz，取 1024 个采样点。采用 5.2.3 节中构造的二代小波 SGW(6, 6)，根据上述提升小波包变换方法进行分解层数为 3 的小波包分解。对所得小波包分别进行单支重构，获得的爆破振动信号在 8 个频带范围内的振动分量如图 5.16 所示。

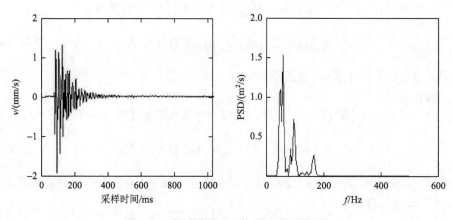

图 5.15　典型爆破振动信号及功率谱分析

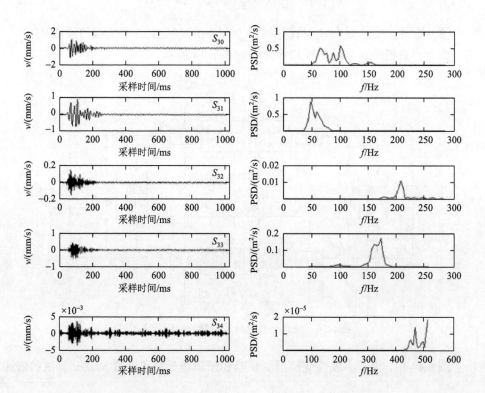

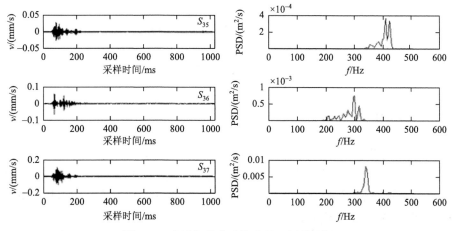

图 5.16 小波包单支重构分量及频谱分析

由图 5.16 可知，采用 3 层提升小波包变换之后获取的小波包单支重构分量对应的频带区间与小波包理论中确定的小波包对应频带区间（表 5.4）不符，出现了严重的频率混叠，影响了后续爆破振动特征分析的进行。

表 5.4 小波包对应频带范围

小波包	d_{30}	d_{31}	d_{32}	d_{33}	d_{34}	d_{35}	d_{36}	d_{37}
频带/Hz	0～64	64～128	128～192	192～256	256～320	320～384	384～448	448～512

5.3.2 提升小波包改进算法

根据小波包变换原理可知其分解过程是逐层隔点采样进行的，即每层分解采样率会降低 1/2。这种重采样对低频分解是可行的，但当采样频率低于奈奎斯特频率时，高频部分会发生频率折叠，对其继续分解则会造成频率混叠现象，二者这种影响会逐层传递，导致分解结果出现严重的频率混叠。

文献[62]中研究了小波包变换的频率混叠问题，通过移频处理技术改进二代小波包变换算法。

式（5.25）和式（5.26）变为

$$d_{2n}^{j+1}[k]=(-1)^k\left\{d_{no}^j[k]-\sum_{i=1}^N p[l]d_{ne}^j[k+l-N]\right\} \tag{5.29}$$

$$d_{2n+1}^{j+1}[k]=d_{ne}^j[k]+\sum_{i=1}^{\tilde N}(-1)^{k+l-\tilde N}u[l]d_{2n}^{j+1}[k+l-\tilde N] \tag{5.30}$$

式（5.27）和式（5.28）变为

$$d_{ne}^{j}[k] = d_{2n+1}^{j+1}[k] - \sum_{i=1}^{\tilde{N}} (-1)^{k+l-\tilde{N}} u[l] d_{2n}^{j+1}[k+l-\tilde{N}] \qquad (5.31)$$

$$d_{no}^{j}[k] = (-1)^{k} \left\{ d_{2n}^{j+1}[k] + \sum_{i=1}^{N} p[l] d_{ne}^{j}[k+l-N] \right\} \qquad (5.32)$$

5.3.3　降噪算法

　　图 5.17 为爆破振动实测信号，信号采样频率为 1024Hz，取 2048 个采样点。由图 5.17 可以看出，振动波形中混杂有毛刺及测试系统本身带来的方波干扰。图 5.18 为测试信号降噪前的三维时频谱，从图中可以发现该测试信号中混杂有 200～250Hz 的高频噪声分量。

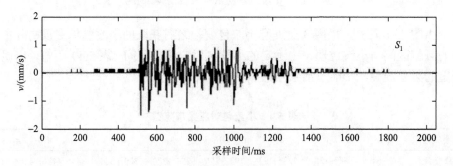

图 5.17　实测爆破振动含噪信号

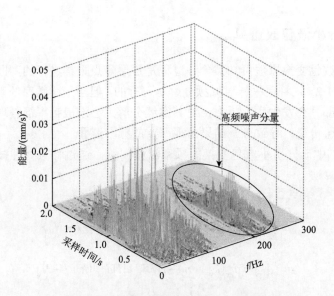

图 5.18　测试信号降噪前的三维时频谱

基于 SGWP 变换的爆破振动测试信号降噪过程如下所示。

（1）采用移频算法改进的 SGWP 技术对测试信号进行满二叉树的多分辨率分解。

（2）对于给定的信息花费函数，选取最优的二代小波包基。

（3）对最优基分解所得的各节点系数进行阈值量化。

（4）逐层对阈值处理后的节点系数进行重构。

（5）降噪效果分析。

5.3.4　基于最优基的提升小波包变换

采用 5.2.3 节中构造的二代小波 SGW(6, 6)，根据式（5.25）和式（5.26）进行分解尺度为 3 的满二叉树分解。选用对数能量熵$\left(E=\sum \lg(d_n^j[k])^2\right)$作为信息花费函数，通过提取得到的各小波包变换系数的信息熵进行最优基搜索，完成二叉树的修剪，最终确定其分解结构如图 5.19 所示。

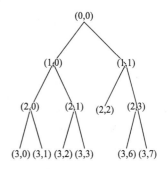

图 5.19　最优提升小波包基分解结构

5.3.5　节点系数阈值量化

为充分保留爆破振动测试信号时频特征的局部性，选择 Donoho 和 Johnstone 提出的软阈值法进行节点系数的阈值量化。

根据式（5.19）～式（5.21），可对各节点小波包系数进行软阈值处理。

5.3.6　去噪效果分析

图 5.20 为图 5.19 中确定的最优基 d_{10}、d_{11}、d_{20}、d_{21}、d_{22}、d_{23}、d_{30}、d_{31}、d_{32}、d_{33}、d_{36} 及 d_{37} 对应的二代小波包变换系数。对上述对应的小波包系数阈值处理后再进行逐层重构，获得的爆破振动降噪处理后的波形如图 5.21 所示。

由图 5.21 中二代小波包滤波后的振动波形可以看出，已经基本消除了爆破振动监测信号中由于测试系统和环境噪声带来的干扰。图 5.21 中降噪后的时程曲线相对图 5.17 中降噪前的爆破振动波形曲线而言更为光滑，且峰值上升和衰减等局部特征在降噪后的振动信号中表现得更加清晰，图 5.21 中所得的有用信息包含了能够更为客观准确地反映实测爆破振动信号的主要成分。

为定量评价 SGWP 算法在爆破振动信号去噪分析中的应用效果，同样也引入均方根误差、信噪比、峰值误差评价指标。

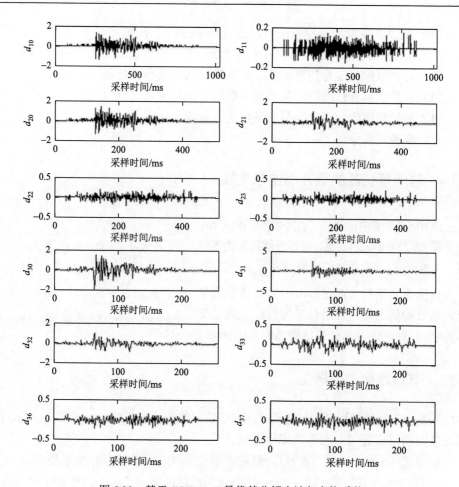

图 5.20　基于 SGW(6, 6)最优基分解小波包变换系数

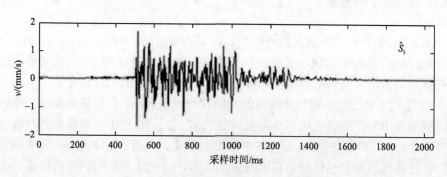

图 5.21　爆破振动信号降噪处理后的波形

根据式（5.22）～式（5.24）计算得到图 5.21 降噪后的爆破振动信号相对于图 5.17 中的爆破振动实测信号：RMSE = 0.0919，SNR = 25.2393，PE = 0.2815。

可见,基于 SGWP 算法的爆破振动信号去噪获得了较高的 SNR,且去噪前后误差较小。

图 5.22 为降噪后信号 S 的时频谱,与图 5.18 中降噪前的信号时频谱相比,容易看出采用第二代小波包去噪之后图 5.18 中的高频噪声分量被基本滤除,因此基于 SGWP 算法的爆破振动信号去噪取得了较好的效果。

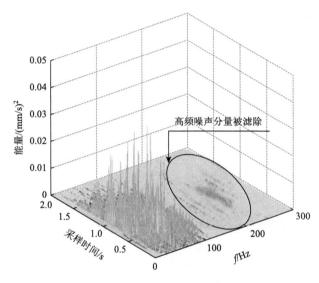

图 5.22　降噪后信号 S 的时频谱

5.4　基于 SGWPT 改进算法的爆破振动信号特征提取

5.4.1　能量特征提取

设爆破振动信号 $\{s[i]\}$ $(i=1,2,\cdots,2^N, N \in \mathbf{Z}^+)$ 经提升小波包分解后,将第 (j,n) 个节点的系数记为 $d_n^j[k]$, $k=1,2,\cdots,2^{N-k}$ 。

定义归一化能量:

$$E_n = \sum_k (d_n^j[k]^2)/E \qquad (5.33)$$

式中,E 为信号总能量,即利用 E 对各频带内能量进行归一化,相应的特征向量为

$$V = (E_1, E_2, \cdots, E_j) \qquad (5.34)$$

称为归一化特征向量。

图 5.23 为场地实验中采用单孔单段起爆方式采集到的典型爆破振动时程曲线。该信号已经按 5.3.3 节中的去噪算法滤除了噪声分量,体现了该场地条件下的爆破振动响应。由图 5.24 可知该信号的主振频率处于 38~80Hz、80~122Hz、150~180Hz

三个频带区间。200Hz 以上的频率部分包含的 PSD 较小，图中的分辨率较低，因此图中只给出了 0～256Hz 内的 PSD 分布情况。

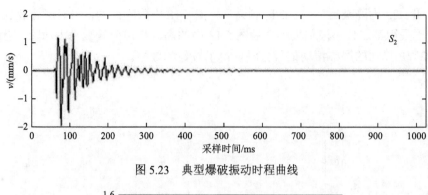

图 5.23　典型爆破振动时程曲线

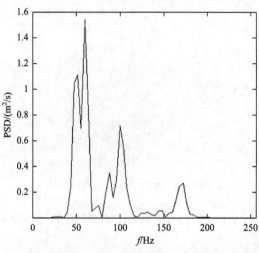

图 5.24　功率谱

根据移频算法改进后的第二代小波包分解算法（式（5.29）和式（5.30）），采用 SGW(6, 6)对图 5.23 中所示信号进行 3 层第二代小波包分解，得到 8 个小波包。d_{30}～d_{37} 对应的小波包系数如图 5.25 所示。

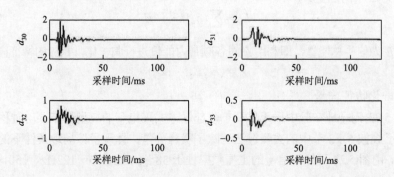

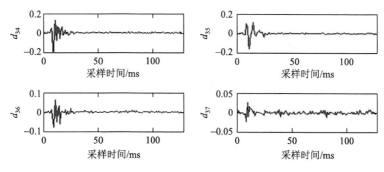

图 5.25　$d_{30} \sim d_{37}$ 对应的小波包系数

图 5.26 是按式（5.33）和式（5.34）计算得到 8 个小波包对应的相对能量分布。根据图 5.26 的相对能量分布可知，爆破振动信号的优势能量主要分布在 d_{30}、d_{31}、d_{32} 三个小波包对应的频带内，$d_{33} \sim$ d_{37} 对应频带包含的能量较小，与图 5.24 中 PSD 分布情况一致。由于建（构）筑物的固有频率一般较低，当爆破振动能量分布趋于低频带时容易引发建（构）筑物共振而加剧破坏。因此，在爆破工程中可采用 SGWPT 技术快速获取原始信号中不同频率成分对爆破振动作用的影响，并用于指导爆破安全设计。

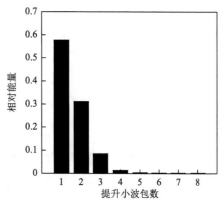

图 5.26　相对能量分布

5.4.2　时频特征提取

为研究爆破振动信号中不同频率成分分量的振动响应规律，需掌握不同频率分量随时程变化产生的幅值衰减、频谱变化等规律，可通过提取指定频带范围内的振动分量进行研究。

实际研究中选取能量占优且频带处于原爆破振动主振频带范围的第二代小波包作为爆破振动信号的主分析小波包。根据图 5.26，选取 d_{30}、d_{31}、d_{32} 三个主分析小波包作为该信号的特征包。

对上述三个主分析小波包分量，由式（5.31）和式（5.32）分别进行单支重构，即将其余节点系数置为 0，按照移频算法改进的二代小波包重构步骤进行小波包重构，获得其对应的振动分量，如图 5.27 所示。图 5.27 体现了信号主振频带分量的峰值出现时刻及时程衰减规律。d_{30} 代表的低频分量衰减较慢，振动持续时间较长；d_{32} 代表的高频分量衰减迅速，振动持续时间较短。

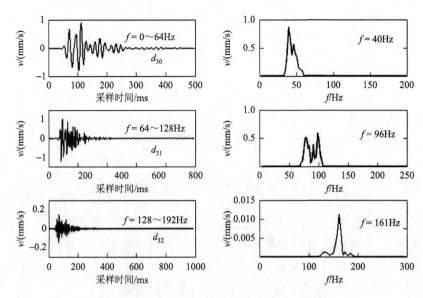

图 5.27　三个主分析特征包单支重构及频谱分析

　　分别对 d_{30}、d_{31}、d_{32} 重构所得的振动分量再进行 FFT，由频谱分析可知三个小波包代表的振动分量均具有一定的频宽，而且采用改进后的 SGWP 算法将原信号按频带进行精确划分，避免了常规小波包变换过程中容易出现的混频现象，提高了频域分析精度。

　　综合分析图 5.24 及图 5.27 可以发现：三个主分析特征包分别对应频段 d_{30}（0～64Hz）、d_{31}（64～128Hz）、d_{32}（128～192Hz），三个特征包重构分量的频谱分别为 $f = 40$Hz、$f = 96$Hz、$f = 161$Hz。由此可见，爆破振动信号的主分析频带内存在两个或多个明显的优势频带区间，共同构成爆破振动信号的主振频带；同时根据能量的集中程度，可定义爆破振动信号中存在第一频率、第二频率、…、主频率。由于三个主分析小波包所表征的振动分量处于原信号中能量占优的频带区间，且体现的振动衰减特性和频谱特征均符合爆炸冲击响应规律，因此可采用 d_{30}、d_{31}、d_{32} 作为原信号的特征包描述爆破振动测试信号的时频特征。

　　可见，SGWP 算法利用其在信号分析领域中特有的局部化分析能力，快速准确地提取到了爆破振动信号中主振频带内的振动分量，可为爆破振动作用下结构的振动响应分析及抗振对策制定方面提供重要的数据参考。

第 6 章 爆破地震波信号分形分析方法

分形是非线性科学研究中一个十分活跃的分支，其研究对象是自然界非线性科学中出现的不光滑和不规则的几何体。虽然分形理论在 20 世纪 70 年代才提出来，但已广泛地应用到自然科学和社会科学领域。

爆破地震波信号作为一种非平稳随机振动信号，是一种满足统计自相似性的无规分形。而且爆破地震波信号作为爆破地震波经场地介质作用后的一个综合体现，其能在一定程度上反映出场地介质对爆破地震波的作用。因此，爆破地震波信号的分形特性与场地介质特性之间存在一定的相关性。

分形维数是分形研究最主要的参量。由于爆破地震波信号的波形曲线复杂，具有较宽的频带，因而，采用一个确定的值——分形盒维数来描述爆破地震波信号，将爆破地震波在场地介质中的传播特征定量化、几何化，从非线性科学角度，研究爆破地震波信号分形盒维数与场地介质参数的相关性，能够揭示采用线性科学研究方法难以发现的相关规律。

6.1 分形基本方法

6.1.1 分形定义

分形概念是由 Mandelbrot 引入的，它表示极不规则、不连续的几何图形，目前已成为一门描述自然界不规则形状和事物规律的有效工具。分形原意是复杂的、粗糙的、破碎的和不规则的，它具有两个基本属性：自相似性和标度不变性。自相似性是指整体与局部成比例缩小或放大的性质；标度不变性指在一个复杂图形上任选一局部区域，对它进行放大后，所得图形仍会呈现出原图的复杂性质，图 6.1 为几个分形图形。

分形理论揭示了非线性系统中有序与无序的统一，确定性与随机性的统一，其在语音信号识别、机械故障诊断、图形特征分析、地震地质勘探等方面得到了广泛运用，极大地提高了人们对自然客观事物的认识。

除了严格数学意义上的分形，自然界中实际存在的自相似性是近似的或统计意义上的相似。分形的标度不变性是分析数据体分形特征的一种有效方法，通过对爆破地震波信号的标度不变性分析可以得到爆破地震波信号是否具有分形特征，即它是否具有一个确定的分形维数值。

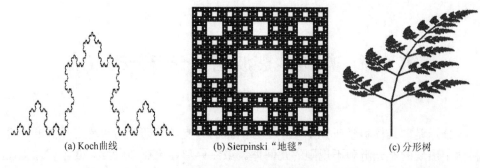

(a) Koch曲线　　　　　　　　(b) Sierpinski "地毯"　　　　　　(c) 分形树

图 6.1　几个分形图形

6.1.2　分形维数

作为分形理论的基本量，分维表示分形体填满嵌入 Euclidean 空间的程度，它定量描述了分形集的复杂性。文献[63]有许多关于维数的定义方法，如信息维、关联维等。对于不同的研究对象，相应有各自适用的维数定义。

大部分分形维数值的定义都是基于"用尺度 δ 进行量度"的思想，即用一个基本步长为 δ 的正方形去覆盖所分析的分形物体，得到各个尺度 δ 下的总盒数 $N_{k\delta}(F)$，如图 6.2 所示。

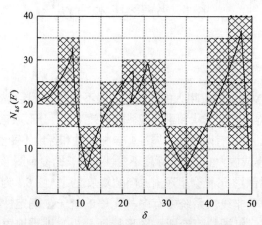

图 6.2　各个尺度 δ 下的总盒数 $N_{k\delta}(F)$

自然界中没有真正的分形体，与理论分形体（如 Koch 曲线等）相比，实际分形体只在有限层次而非无限层次范围内具有分形特征，另外，实际分形体的自相似也不像 Koch 曲线那样十分严格，而是统计上的自相似，这是实际分形体与理论分形体的根本差别，也是分维测量不确定性的原因。

在实用求解分形维数的方法中，盒维数是应用最广泛的维数之一，得到普遍应用是因为这种维数的数学计算及经验估计相对容易。

对于不同学科中研究的分形及自然界中存在的分形，并不存在无穷的嵌套结构，而只存在有限的嵌套层次，因而尺度 δ 只有在有限范围内进行讨论才有意义，才能保证分形盒维数的稳定性。同时尺度 δ 应当与所分析形体的有关物理参数联系起来，计算出来的分形盒维数才具有一定的物理意义。

6.2　爆破地震波分形盒维数计算模型

6.2.1　爆破地震波分形盒维数模型定义

根据分维的定义，要确定爆破地震波信号是否有分形，只需判断它是否存在无标度区，而不用从爆源和场地介质对爆破地震波信号的作用方面去分析其分形生成机制。

对于爆破地震波信号而言，它是双尺度的：纵向的振动幅值和横向的时间效应，采用正方形网格则相当于只用其中的一个尺度来对两个尺度——时间和振幅进行测量，从物理意义上来说是无法反映出各自的标度特性的。因而采用矩形盒对爆破地震波曲线的覆盖要比片面的正方形网格更具合理性。这种矩形盒的横向尺度 δ_1 完全由信号的采样时间间隔 Δt 决定，而纵向尺度 δ_2 与爆破地震波的振幅有关[64]。

设属于平面 R^2 的爆破地震波时程曲线为 L，将 $R \times R$ 划分为尽可能小的网格 $k\delta_1 \times k\delta_2$（$k = 1, 2, 3, \cdots$，表示网格的放大倍数）。设与所有 L 相交的网格数量为 $N_{k\delta_1}$（或 $N_{k\delta_2}$），则在矩形盒覆盖情况下的曲线盒维数定义为

$$D_{\delta_1 \times \delta_2} = \lim_{\substack{\delta_1 \to 0 \\ \delta_2 \to 0}} \frac{\lg N_{k\delta_i}}{-\lg(k\delta_i)}, \quad i = 1\text{或}2 \qquad (6.1)$$

对于爆破地震波信号这种无函数描述的无规则分形体，它只在其无标度区内才具有分形维数。在无标度区内 $D_{\delta_1 \times \delta_2}$ 由 $(-\lg(k\delta_i), \lg N_{k\delta_i})_{(i=1\text{或}2)}$ 的拟合直线斜率求得。在分形体的无标度区内存在 k 值的一个有效取值区间：$k_1 \leqslant k \leqslant k_2$（对应的覆盖网格尺寸范围为 $(k_1\delta_1 \times k_1\delta_2) \sim (k_2\delta_1 \times k_2\delta_2)$）。在此无标度区对应的 $(-\lg(k\delta_i), \lg N_{k\delta_i})_{(i=1\text{或}2)}$ 点对数量为 $k_2 - k_1 + 1$。

根据矩形盒维数定义，在无标度区内 $-\lg(k\delta_i)$ 与 $\lg N_{k\delta_i}$ 满足线性回归方程：

$$-\lg N_{k\delta_i} = -D_{\delta_1 \times \delta_2} \cdot \lg(k\delta_i) + b, \quad i = 1\text{或}2 \qquad (6.2)$$

由于分形盒维数 $D_{\delta_1 \times \delta_2}$ 是式（6.2）斜率的相反数，在覆盖盒的基本尺寸 δ_i 值确定的情况下，分形盒维数 $D_{\delta_1 \times \delta_2}$ 由 $\lg N_{k\delta_i}$ 和 $\lg k$ 的关系唯一确定。用最小二乘法可得

$$D_{\delta_1 \times \delta_2} = -\frac{(k_2 - k_1 + 1)\sum \lg k \lg N_{k\delta_i} - \sum \lg k \sum \lg N_{k\delta_i}}{(k_2 - k_1 + 1)\sum \lg k^2 - \left(\sum \lg k\right)^2}, \quad k_1 \leqslant k \leqslant k_2,\ i = 1或2$$

（6.3）

6.2.2　矩形盒尺寸的确定

爆破地震波信号的复杂性是由其宽频带及多个能量占优的子频带来体现的，因而在矩形盒覆盖下，计算不同尺寸的、与振动信号相交的盒数量时，矩形盒应不要掩盖曲线的周期性和振幅特征。在确定矩形盒的双尺度参数时，必须考虑爆破地震波信号的周期性和振幅特性。

1. k 值的确定

在盒维数 $D_{\delta_1 \times \delta_2}$ 的定义式中，D 是在 $\delta_{i(i=1,2)}$ 极限趋于零时的值，但现实的爆破地震波信号为离散采样信号，其采样时间间隔 Δt 是一个有限值，同时其波形表示方式是将两相邻数据点用线段连接，取 δ_1 小于 Δt（此时 $k < 1$）是没有意义的，因而 k 不能小于 1。

如果近似认为爆破地震波的主周期 T 由其波形曲线最高峰值所对应的波峰（或波谷）所确定，则该波峰（或波谷）为该主振周期的一个半周期波形。

在一个周期 T 内数据点个数为 $\left[\dfrac{T}{\Delta t}\right] + 1$（中括号表示取整数值），如果 $k\delta_1$ 大于 T，则由此生成的矩形盒完全可以将一个完整周期的时间区域所覆盖，信号将被认为处于整个分析平面内，根本不能体现信号的周期性；当 $k\delta_1$ 大于该半周期时，爆破地震波曲线基本为一个正负交替的振动信号曲线，在进行分形盒维数计算时，如果采用时间尺度大于曲线半周期的矩形盒对其进行覆盖，则振动曲线的周期性将表现不明显。

因而，与爆破地震波曲线相交的矩形盒在 $R \times R$ 平面内应能体现信号的振幅特征和周期性，可以确定 k 的最高取值为 $k < \left[\dfrac{T}{2\Delta t}\right] + 1$。具体的 k_2 值可以根据式（6.2）对 $(-\lg(k\delta_i), \lg N_{k\delta_i})$ 回归求解 $D_{\delta_1 \times \delta_2}$ 时，由离散情况将无标度区间外 $k > k_2$ 的点去掉后进行回归分析得到。

根据上面的分析，k 可取值范围为

$$1 \leqslant k < \left[\frac{T}{2\Delta t}\right] + 1$$

（6.4）

2. 矩形盒纵向基本尺度 δ_2 的确定

δ_2 应能体现振幅尺度特征，它不能小于整个分析信号相邻数据点间的最小非零幅值差 ΔA_{min}，也不应大于信号的最高峰值 A_{max}，但它又应当和最高峰值具有一定的关系。对于所分析的爆破地震波信号来说，其最高峰值体现了该爆破地震记录的地震效应强度，是爆破地震效应研究的一个主要方面。采用与最高峰值 A_{max} 相关的矩形盒对爆破地震记录进行覆盖时，所得盒数量将在一定程度上体现该记录的最高峰值强度。在建立爆破地震波的矩形盒维数模型时，δ_2 的取值定义如下：

$$\delta_2 = \Delta A_{min} \text{ 或 } \delta_2 = \frac{A_{max}}{2k_{max}} \tag{6.5}$$

当 $\Delta A_{min} < \dfrac{A_{max}}{2k_{max}}$ 时，取 $\delta_2 = \dfrac{A_{max}}{2k_{max}}$；否则，反之。$k_{max}$ 为计算中 k 的最高取值，它一般大于 k_2。

6.2.3　矩形盒数量计算

设矩形盒尺寸为 $k\delta_1 \times k\delta_2$，而爆破地震波数据的离散序列为 $s(n \cdot \Delta t)$ $(n = 1, 2, \cdots, N)$。整个波形曲线的时间坐标被分成 $M = \left[\dfrac{N-1}{k}\right]$ 个等间距区间，曲线所处的 $R \times R$ 平面被分隔成 M 个竖状格条；在 $\dfrac{N-1}{k}$ 的余数非零时，还将有一个由 $N - Mk + 1$ 个数据 $s(m \cdot \Delta t + 1)(m = Mk, Mk+1, \cdots, N)$ 组成的窄格条，在该窄格条下与曲线相交的网格数为

$$N_{k(\delta_1, \delta_2)} = \left[\frac{\max[s(m)] - \min[s(m)]}{k\delta_2}\right] + \phi(\text{rem}(\max[s(m)] - \min[s(m)], k\delta_2)), \tag{6.6}$$
$$m = Mk, Mk+1, \cdots, N$$

式中，函数 $\text{rem}(u, v)$ 表示 u 与 v 相除时的余数，$\phi(x)$ 定义为

$$\phi(x) = \begin{cases} 1, & x > 0 \\ 0, & x = 0 \end{cases} \tag{6.7}$$

在横轴上的第 $p(p = 1, 2, \cdots, M)$ 个区间内，盒数量为

$$N_{p,k(\delta_1, \delta_2)} = \left[\frac{\max[s(h)] - \min[s(h)]}{k\delta_2}\right] + \phi(\text{rem}(\max[s(h)] - \min[s(h), k\delta_2])), \tag{6.8}$$
$$h = k(p-1)+1, k(p-1)+2, \cdots, kp+1$$

式中，$\mathrm{rem}(u,v)$ 和 $\phi(x)$ 的定义同式（6.6）和式（6.7）。在 k 的计算取值范围内，改变 k 值得到一系列 $N_{k\delta_1\times k\delta_2}(k_1\leqslant k\leqslant k_2)$，则当尺寸为 $k\delta_1\times k\delta_2$ 的矩形盒覆盖时，与爆破地震波曲线相交的总盒数量为

$$N_{k\delta_1\times k\delta_2}=\sum_{p=1}^{M}N_{p,k(\delta_1,\delta_2)}+N_{k(\delta_1,\delta_2)} \tag{6.9}$$

根据式（6.3）对数据组 $[\lg(k),\lg(N_{k\delta_1\times k\delta_2})]_{(k_1\leqslant k\leqslant k_2)}$ 进行线性方程回归，得到分形盒维数值 $D_{\delta_1\times\delta_2}$。

6.2.4　双尺度分形盒维数模型可靠性检验

为了检验具有双尺度特性的矩形盒模型在计算曲线分形盒维数的可靠性，下面采用该模型来计算几种分形曲线的盒维数。

1）直线

根据经典分形理论，直线的分形值为 1（平面为 2，空间立体为 3）。定义直线方程为

$$L(l)=l,\ l=1,2,3,\cdots,1000 \tag{6.10}$$

在计算直线的矩形盒维数模型时，k 的取值范围为 $1\leqslant k\leqslant 128$，但为了减小计算量，实际计算中 k 取指数序列：1, 2, 3, $\cdots$, 128，$\delta_1=1$（表示数据点的横坐标间隔为 1），$\delta_2=4$。$-\lg k\sim\lg N_{\delta_2}$ 的双对数拟合直线如图 6.3 所示，直线斜率为 1，与理论值相符合。

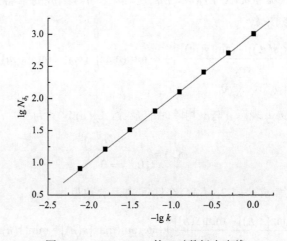

图 6.3　$-\lg k\sim\lg N_{\delta_2}$ 的双对数拟合直线

2）正弦曲线

前面在分析矩形盒的横向尺度 $k\delta_1$ 时，指出它必须小于所分析信号的周期。下面通过对一个振幅为 1、信号频率为 20Hz、采样频率为 2000Hz $\left(即 \delta_1 = \dfrac{1}{2000}\right)$ 的正弦曲线分形盒维数的计算，分析 $k\delta_1$ 的取值与信号周期的关系。矩形盒的放大倍数 $k = 2^{n-1}(n = 1,2,3,\cdots,7)$，纵向步长 δ_2 取值为 $\dfrac{1}{2^7} = 0.0078$，等价于式（6.5）中的 $A_{max} = 1$，$k_{max} = 2^6$，计算中取正弦信号的数据点数为 500。

由图 6.4（a）可知，在 $k = 64$ 时（图中圆圈标注处），该点明显偏离拟合直线，此时矩形盒的时间尺度 $\dfrac{64}{2000}$ 大于正弦曲线的半周期 $\dfrac{50}{2000}$，从而验证了上面有关矩形盒时间尺度最高有效取值范围的分析，$k\delta_1 < \dfrac{T}{2}$（T 为信号周期）。

图 6.4（b）为去掉 $k = 64$ 数据点后，该正弦曲线分形维数拟合直线，此时盒维数值为 1.024。

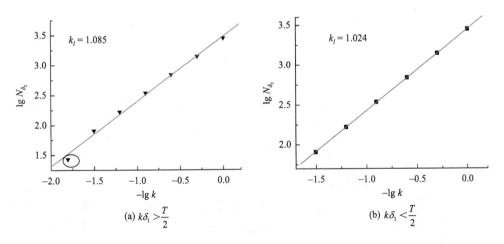

(a) $k\delta_1 > \dfrac{T}{2}$ (b) $k\delta_1 < \dfrac{T}{2}$

图 6.4 正弦曲线的 $-\lg k \sim \lg N_{\delta_2}$ 关系

6.2.5 爆破地震波信号的分形盒维数值计算

根据上面有关爆破地震波信号周期分析，如果将其最高峰值所在波峰或波谷看作一个正弦曲线的半周期曲线，此周期则被认为是该地震波的主振动周期。在此前提下，下面对爆破地震波信号的矩形盒维数计算中矩形盒尺寸的有效取值范

围进行研究，并同时对爆破地震波的盒维数特征值求解进行验算，以此证明爆破
地震波信号是否具有分形特征。同时结合爆破地震波信号特征对矩形盒尺寸有效
取值范围进行讨论。

图6.5（a）中爆破地震波采样频率为1024Hz，横坐标为采样点数，图中显示
了所采集数据的前300个数据值，最高峰值$A_{\max}=5.898\mathrm{m/s^2}$，图6.5（b）是将最
高峰值所在波峰的半周期曲线提取出来而将其他数据置零的波形曲线（图中也同
时给出了最高峰值两边的波峰或波谷曲线）。

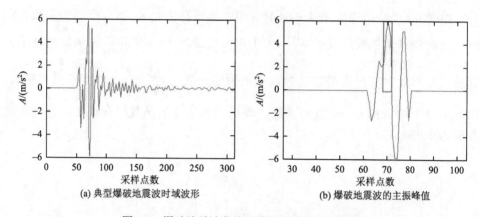

(a) 典型爆破地震波时域波形　　　　　　　(b) 爆破地震波的主振峰值

图 6.5　爆破地震波曲线及其最高峰值区域波形

最高峰值所处的半周期曲线与基准线交点的跨度为4.65个采样间隔（图6.5（b）
中的矩形方格），近似为5，则周期为$\dfrac{10}{1024}=0.0098\mathrm{s}$，频率为102.4Hz。根据前面
的有关分析，在计算该爆破地震波曲线的矩形盒维数时，k 的取值范围为
$1\leqslant k\leqslant 5$。在计算爆破地震波的分形盒维数时，只取爆破地震记录的有效振动部
分（信号的振动强度连续大于某阈值的数据范围，在本问题中该阈值取为整个记
录最高峰值的1/20），图6.5所示爆破地震记录在进行矩形盒维数计算时的实际分
析数据为$s(n)(n=50,51,\cdots,180)$。k 的取值为$k=1,2,\cdots,6$，矩形盒纵向尺度δ_2取相
邻数据点间最小非零差值的2倍（该记录的最小非零差值为0.0029）。

图6.6为对该爆破地震波信号进行盒维数时，计算得到的$-\lg k\sim\lg N_k$拟合曲
线。该拟合曲线的方程为

$$\lg N_k=-1.321\times\lg k+3.541 \tag{6.11}$$

在建立了爆破地震波的双尺度矩形盒维数计算模型后，对岩石场地采集的
爆破地震波信号进行了分形盒维数计算。爆破地震波分形盒维数计算数据如
表6.1所示。在进行分形盒维数计算时，矩形盒的振幅尺度均取各条爆破地震

波曲线中相邻数据点间最小非零幅值差的 2 倍即 $\delta_2 = 2\Delta A_{min}$，其分形盒维数范围为 1.164～1.327。

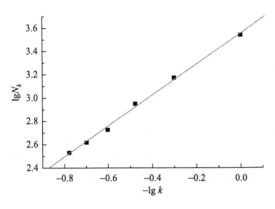

图 6.6　$-\lg k \sim \lg N_k$ 关系曲线

表 6.1　爆破地震波分形盒维数计算数据

序号	q/kg	d/m	A/(m/s^2)	D	k_2	序号	q/kg	d/m	A/(m/s^2)	D	k_2
1	27	90	5.282	1.281	4	6	18	78	5.242	1.321	6
2	21	89	2.762	1.241	5	7	9	74	2.37	1.239	5
3	14	83	3.352	1.251	4	8	6	74	2.969	1.267	5
4	18	83	5.898	1.279	6	9	28	71	5.898	1.164	6
5	14	78	3.067	1.247	5	10	7	66	3.280	1.327	5

对爆破地震波信号而言，它一般分为振动上升、强振阶段和衰减阶段，其中强振阶段是爆破地震效应研究的主要内容之一。因而最高振动峰值所处波形曲线基本能代表该信号的主要特征，并且它在整个信号中显得较为突出，基本反映了爆破地震波曲线的主体轮廓特征。虽然它不是一个严格意义上的半周期正弦曲线，但在对整个爆破地震波曲线进行盒维数求解时，所使用的矩形分形盒横向尺度不应大于该段波形曲线与基线的交点跨度，在纵向不应大于振动信号的最高峰值，否则所得到的盒维数值根本不能反映整个信号的振动特征。

建立时间和振幅尺度上的双尺度矩形盒模型充分地考虑了实际测量信号的双尺度效应，因此它在分形研究中具有较大的适应性。根据爆破地震波最高振动峰值所处波峰或波谷确定的周期，确定 k 的最高取值时，充分地考虑了爆破地震波的基本振动特征，根据此方法计算的爆破地震波信号的分形盒维数具有较强的说服力。

6.3 算法应用实例

6.3.1 爆破地震波分形盒维数值分析

在计算爆破地震波的分形盒维数值 D 时，为了研究折算距离的影响，计算中只对爆破地震波有效振动持续时间内的记录曲线进行分析。爆破地震波振动持续时间在不同研究目的下有着不同定义。在地震学中，持续时间是指地震波到达时起直到可见记录消失并出现脉动信号的时间间隔，在这种意义下的持续时间是绝对持续时间。爆破地震动是装药瞬间爆炸后，其能量释放而引起地表面介质运动的地振动现象，爆破地震波的振动持续时间比较短，主振相持续时间一般为 0.1～2s。

爆破地震波对结构物起破坏主要是在地振动强度超过某一强度时造成的破坏累积效果，因此，爆破地震波信号的有效振动持续时间为爆破振动信号。因为，爆破振动安全控制标准中，当地面振动加速度大于等于 0.05g 时，将会造成结构物的破坏。

考虑到本实验爆破地震波记录中最大加速度值均小于 1g，大多在 0.5g 以下，如果仍采用上面的定义来计算本次实验地震波记录的有效振动持续时间，则其有效记录过程是非常有限的，不利于问题分析。

由于爆破地震波曲线具有一定的包络特征（即振动上升阶段、振动持续阶段和衰减阶段），结合本次实验爆破地震记录的普遍规律，设各记录峰值为 $A_{\max}$，则从记录值开始达到 $\frac{1}{20}A_{\max}$ 到振动强度最后衰减为 $\frac{1}{20}A_{\max}$ 为止，这一过程中所经历的时间作为有效振动持续时间。

在信号振动强度由 $A_{\max}$ 衰减到 $\frac{1}{20}A_{\max}$，关于有效振动持续时间的计算并没有就此简单结束，而仍需继续搜索并比较此时刻的后五个振动峰值时间段内的记录，如果没有出现强度大于 $\frac{1}{20}A_{\max}$ 的记录值，则有效振动持续时间在首次出现的振动为 $\frac{1}{20}A_{\max}$ 处结束；否则，以该五个波峰中出现的最后一个振动记录为 $\frac{1}{20}A_{\max}$ 处为新起点，对其后面的五个波峰值时间段内的记录重复上面的搜索分析过程。一般地说，根据上述方法计算的有效振动持续时间是较为严密和准确的。上述定义和计算具有一定的相对性。

表 6.2 为爆破振动信号盒维数数值统计。为了便于数据分析的说明，在表 6.3

中给出了本次爆破实验中爆破参数及地震波信号分析参数。在表 6.2 给出了式（6.2）的参数 b 值，ΔN 为计算分形盒维数时的数据长度，$k = 1, 2, 3, \cdots, 10$；矩形盒纵向尺度 δ_2 的取值相同，为表 6.3 中所有炮次各测点爆破地震波中最小峰值的 1/20。

表 6.2　爆破振动信号盒维数数值统计

炮次	药量/kg	测点 1			测点 2			测点 3			测点 4		
		ΔN_1	D_1	b_1	ΔN_2	D_2	b_2	ΔN_3	D_3	b_3	ΔN_4	D_4	b_4
1	27	70	1.283	3.692	180	1.188	3.610	180	1.141	3.410	210	1.098	3.235
2	21	55	1.282	3.187	180	1.203	3.376	210	1.191	3.158	230	1.118	2.964
3	14	80	1.257	3.436	145	1.172	3.285	170	1.165	3.142	210	1.120	2.854
4	18	100	1.276	3.727	140	1.147	3.217	160	1.085	3.264	200	1.062	3.248
5	14	90	1.231	3.349	145	1.148	3.313	165	1.086	3.155	230	1.005	3.004
6	18	85	1.239	3.541	130	1.151	3.288	165	1.130	3.352	210	1.065	3.035
7	9	120	1.217	3.240	150	1.122	3.053	130	1.157	3.018	120	1.102	2.780
8	6	80	1.210	3.230	140	1.170	2.966	160	1.111	2.965	140	1.040	2.706
9	28	70	1.222	3.587	100	1.192	3.440	135	1.220	3.390	175	1.084	3.102
10	7	75	1.247	3.332	110	1.122	3.102	135	1.186	3.170	155	1.086	2.841

表 6.3　爆破地震波参数

炮次	药量/kg	测点 1			测点 2			测点 3			测点 4		
		d_1/m	A_1/(m/s²)	f_1/Hz	d_2/m	A_2/(m/s²)	f_2/Hz	d_3/m	A_3/(m/s²)	f_3/Hz	d_4/m	A_4/(m/s²)	f_4/Hz
1	27	90	5.282	196	115	4.098	70	154	2.389	104	179	1.580	60
2	21	89	2.762	204	114	1.804	156	153	0.975	104	178	0.725	58
3	14	83	3.352	200	108	1.528	128	147	0.947	110	172	0.499	66
4	18	83	5.898	198	108	2.004	128	147	1.328	110	172	1.557	52
5	14	78	3.067	196	103	2.300	128	142	1.233	102	167	0.798	54
6	18	78	5.242	204	103	2.564	58	142	2.115	102	167	0.866	52
7	9	74	2.370	206	103	2.564	58	138	0.932	163	0.347	66	163
8	6	74	2.969	204	99	1.138	128	138	0.568	163	0.564	54	163
9	28	71	5.898	198	99	1.144	40	135	2.656	156	1.143	52	156
10	7	66	3.280	206	96	3.664	128	130	1.401	155	0.393	68	155

分析表 6.2 中数据可知：

（1）对于所有炮次而言，相同测点处的分形盒维数值 D 比较稳定。测点 1 处 D_1 均值为 1.2464，标准差为 0.0272；测点 2 处 D_2 均值为 1.1615 和标准差为 0.0454；

测点 3 处 D_3 均值为 1.1472 和标准差为 0.0387；测点 4 处 D_4 均值为 1.0780 和标准差为 0.0402。

（2）药量和距离对 b 值的影响明显，其规律类似于爆破地震波振动强度与药量和距离的关系，即随着药量增大 b 值增大；随着距离增加，b 减小。但对 D 而言，只体现在点处（即使是相同测点）b 值离散性远大于 D。随着距离的增加，D 值下降，与药量的相关性不强。

由于实验中药量大小差别显著，在计算表 6.2 中各测点的分形盒维数时，完全考虑了爆破地震波的振动强度和振动持续时间作用，因此所得到的有关盒维数值 D 和 $-\lg(k\delta) \sim \lg N_{k\delta}(F)$ 的双对数回归直线方程参数 b 在某种意义上体现爆破地震波振动强度特征。

6.3.2　分形盒维数与爆破地震波信号幅值特性关系分析

对于曲线的盒维数值 D_δ 而言，它反映了曲线的复杂程度。如对于最简单直线而言，其盒维数值为 1；而对于复杂曲线而言其盒维数值为 1～2，如果一条曲线的极限发展能使它充满整个平面，则其盒维数值接近于 2，但可以想象该曲线的复杂程度。不难理解，可以认为直线的振幅为无穷小而周期为无穷大。

对于工程测试振动信号，其曲线的复杂度可以根据它的频率成分反映出来。这可以根据表 6.1 中盒维数值最大及最小时所对应的爆破地震波信号，通过比较它们的曲线振荡特性及频谱特征。

图 6.7 给出了表 6.2 中第 5 炮次盒维数值取最大值和最小值（分别为 $D = 1.231$ 和 $D = 1.005$，它们也分别对应于测点 1 和测点 4）时，爆破地震波波形及其 PSD 谱。从波形曲线可以看出 $D = 1.231$ 的爆破地震波曲线要比 $D = 1.005$ 时复杂，而它的频率主要集中在 180～200Hz，而 $D = 1.005$ 时频率则集中在 24～32Hz。

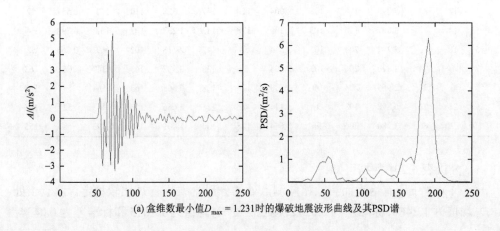

(a) 盒维数最小值 $D_{\max} = 1.231$ 时的爆破地震波形曲线及其 PSD 谱

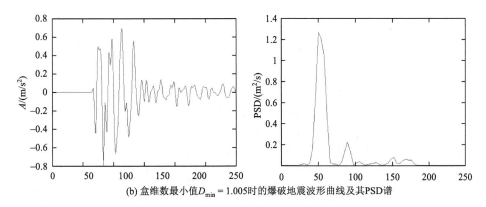

(b) 盒维数最小值$D_{\min}=1.005$时的爆破地震波形曲线及其PSD谱

图 6.7 盒维数值取最大值与最小值时所对应的爆破地震波形及其 PSD 谱对比

由分析可知，分形盒维数值 D 越大，爆破地震波信号局部起伏越大，信号相邻点之间相关性越弱，意味着信号频谱结构中高频成分越多。分形盒维数值 D 越小，则信号相邻点之间的相关性越强，相应地，信号高频成分也少。分形盒维数值的变化反映出了爆破地震波信号的频率结构变化特征，体现了爆破地震波传播过程中场地介质对其衰减的频率选择性。

6.3.3 盒维数模型参数 b 与最高振动强度 A 间关系分析

在爆破地震效应研究中，普遍采用包含了折算距离与振动强度的萨道夫斯基经验公式进行相关分析，即

$$A = k \cdot (\overline{r})^{\alpha} = k \cdot \left(\frac{\sqrt[3]{Q}}{R} \right)^{\alpha} \tag{6.12}$$

式中，A 为小波包重构系数峰值；Q 为最大段药量；R 为测点与爆源距离；折算距离 $\overline{r} = \dfrac{\sqrt[3]{Q}}{R}$；$k$、$\alpha$ 为爆破地震波强度的场地衰减系数。一般采用 $\lg \overline{r} \sim \lg A$ 的双对数最小二乘法进行直线方程回归求解，获得衰减系数 k 和 α：

$$\lg A = \alpha \lg \overline{r} + \lg k \tag{6.13}$$

将式（6.13）进一步化解为

$$\lg A = \alpha \lg \overline{r} + b' \tag{6.14}$$

式中，$b' = \lg k$。

比较式（6.2）和式（6.14）可以看出，两式具有相类似的表达形式。

在计算爆破地震波振动曲线的盒数量时，用一系列特定尺度的矩形盒对曲线进行覆盖，各盒之间是彼此相邻而不相交的，盒数量在一定意义上表示了曲线的长度。由于盒数量计算时，没有将爆破地震波的最高峰值归一化，且只取爆破地震波在其有效振动持续时间内的记录进行计算，所得盒数量大小能体现各信号振动强度差别（虽然曲线的振动频率是影响曲线盒数量计算的一个主要因素）。

由式（6.2）拟合所得的 $-\lg(k\delta)\sim\lg N_{k\delta}(F)$ 双对数直线方程的参数 b 随爆源药量的变化明显。而在爆破地震波的所有分析参数中，振动强度对折算距离的作用最为敏感，可以说它是药量与折算距离作用的一个综合体现。

如果参数 b 能与 A 建立相关性极好的关系，则可以根据式（6.14）来研究参数 b 与药量或距离的关系。

可以认为在对 $\lg k\sim\lg N_{\delta_2}$ 的双对数方程回归求解得到式（6.2）时，参数 b 是分析数据经对数作用所分析的结果。在研究参数 b 与峰值 A 的关系时，只研究 $b\sim\lg A$ 之间的对应关系，而不是 $\lg b\sim\lg A$ 之间的双对数关系。

图 6.8 为 $\lg A\sim b$ 的拟合直线，直线方程为

$$b = 0.689\times\lg A + 3.0669 \tag{6.15}$$

其相关系数为 0.93。

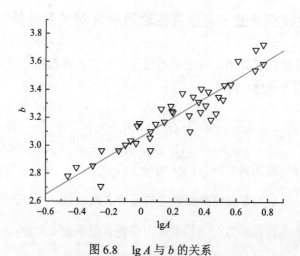

图 6.8 $\lg A$ 与 b 的关系

6.4 爆破地震波分形盒维数与场地介质参数的相关性分析

通过分形几何理论研究可知，盒维数及其他的维数给出了一个集合充满空间程度的描述，它定量地描述出一个分形集规则或不规则、复杂或非复杂的几何尺

度，是在用很小比例下观测一个集合时，对这一集合规则性和复杂性的极好度量，一个维数包含相应集合几何性质的许多信息。

分形虽然从数学上看仅仅是一种几何图形，而实际上任何结构不规则性复杂现象的产生，是由它所处的物理、力学等环境条件因素所导致的。分形是事物状态的表达，而这种状态的形成具有内在的动力学机制。

在材料科学中，发现分维与材料的某些性质参数有关。在化学领域，发现分维同催化剂的催化性和选择性有关，在地球物理学中，发现分维与地震现象具有密切的关系。因此寻找爆破地震波分形盒维数更深刻的意义和实际用途，对分形理论在爆破地震效应的应用和发展是一个极为重要的问题。

6.4.1　爆破振动响应的等效震源模型分析

在所有爆破地震记录中，爆破地震波均表现为频率和幅值各不相同的复杂波列，在这些波列中包含着爆炸源、介质物性、传播路径、观测环境等特征和影响因素。也就是说在每一道复杂的爆破地震波中蕴含着诸多因素的信息。从图 6.5（a）中可以看出，爆破地震波形具有一定频带宽度，并呈高阻尼振荡特性，没有炸药爆轰波所具有的激波特征。

在爆破过程中，炸药对周围介质作用可近似看作一作用时间很短的脉冲荷载。炸药释放的主要能量通过这个脉冲荷载传递给周围介质，使介质产生变形、破坏和运动。

在传播过程中，这个脉冲并没有保持尖锐脉冲的形式，而是被周围介质滤波后传播出去，而这种滤波作用主要取决于震源邻近介质弹性区的地质结构。下面对这一作用机制进行理论分析。

在无限介质中球对称爆炸情况下，爆破振动源的作用可看作一半径 r_0 等效球形空腔内壁上作用一随时间变化的均布压力引起的径向位移响应，其解可以表示为

$$u(r,t) = \frac{1}{r^2} f\left(t - \frac{r}{c_p}\right) + \frac{1}{c_p r} f'\left(t - \frac{r}{c_p}\right) \tag{6.16}$$

式中，$u(r,t)$ 为 t 时刻距爆破中心距离为 r 处的径向位移；c_p 为介质的纵波波速；f 为波函数，其具体形式为

$$f(t) = e^{-at}[A\cos(\omega t) + B\sin(\omega t)] + C \tag{6.17}$$

式中，等号右边第一项为线弹性方程无限介质中含有球形空腔的齐次解；C 为与荷载相关的特解；A、B 为与荷载特性、介质材料参数、介质初始状态和空腔尺寸

相关的参数；a、ω为与介质材料参数和空腔尺寸相关的参数。ω给出爆破地震波信号的视频率，计算式如下：

$$\omega = \frac{2c_s}{r_0}\sqrt{1 - \frac{c_s^2}{c_p^2}} \tag{6.18}$$

一般地，在大部分加载情况下，都将激发空腔自振，此时波形将类似于强迫信号上叠加一个自振信号。由于波动信号要传递出去，激发的空腔自振信号波形与阻尼振动相似（$a > 0$）。当加载时间小于空腔的自振周期时，传出的波动信号波形将逐渐保持为自振信号。

通过以上的分析，可以认为爆区邻近范围以外的振动信号主要来源于爆破作用引起的爆区邻近范围内地质结构自振：爆破使完整的介质中形成了一个弱化区（爆破区），类似于空穴，这样就使介质有了明显的结构特征：爆炸能一部分用于介质的破坏，剩余一小部分会使爆破区邻近介质运动。

由于爆炸过程作用时间短，邻近介质运动可近似地看作被给予了一个初始运动速度，这样邻近介质后续运动就取决于这时的地质结构特性及由于波动传出而带来的能量损失，其形式为一个典型阻尼振动。

设 s 为距震源一定距离的爆破振动响应，G 为脉冲响应函数，H 为地质结构的等效滤波函数，$f(t)$ 为震源时间函数，则

$$s = G * H * f(t) \tag{6.19}$$

当 $f(t)$ 的持续时间远小于 s 的主高频周期时，近似地有

$$H * f(t) = \int f(t)\mathrm{d}t \cdot H = I_{f(t)} \cdot H \tag{6.20}$$

利用卷积的结合率就有

$$s = I_{f(t)} \cdot G * H \tag{6.21}$$

从式（6.21）可知，振动信号由震源作用冲量 $I_{f(t)}$ 的大小和地质结构的等效滤波特征所决定。利用这一特性，结合爆破地震波传播规律的分析，将有助于对场地地质结构更全面、更准确地进行了解。

6.4.2　分形盒维数与场地介质特性参数关系分析

在爆破振动测试中，爆破地震记录可看成爆破地震子波与反映场地介质结构和组成的特征系数的卷积。

设地震子波为 $w(t)$，特征系数为 $r(t)$，则爆破地震记录 $x(t)$ 为

$$x(t) = w(t) * r(t) \tag{6.22}$$

　　爆破振动呈现多频带特性，即爆破地震波信号在不同的小波及小波包分解尺度上具有主振频带，其主振频带内信号幅值谱或功率谱峰值突出，而这种多频带特性恰好体现了实际地层岩体结构的不同振型对爆破振动作用的响应。

　　根据岩体结构分形研究可知，在岩石（体）内垂直于爆破地震波的传播方向某一截面上，分布的节理裂隙序列具有分形结构。这种分形结构分布序列中通常包含着许多不同层次的节理裂隙，在大节理裂隙中包含着许多更小的节理裂隙，在一些小节理裂隙中又包含分形分布规律，大的规律中还包含有小的规律，从而构成一个多层次的既随机又自相似的嵌套结构。

　　爆破地震波在岩石这种复杂介质中传播时，在不同场地介质结构内经过若干次反射、折射，与岩石（体）结构发生相互作用，这个过程可看作地震子波通过一系列特殊的带通或带阻滤波器，因而爆破地震记录包含了地质结构各方面的信息，呈现出很强的非线性性质。同时，这更加表明了爆破地震波分形特性与所历经的场地介质特性存在着密切联系，是地质结构的物理响应，其分形盒维数能反映场地介质的结构特征和物理力学参数特征。

　　根据上面的分析，爆破地震波分形盒维数 D 与场地介质结构特征参数 u 及物理力学参数 v 有如下关系：

$$D = D(u,v) \qquad (6.23)$$

式（6.23）表明，爆破地震波分形盒维数 D 随场地介质结构特征参数 u 和物理力学参数 v 变化而变化。

6.4.3　分形盒维数与场地介质衰减系数关系分析

　　爆破振动实验中测点固定，各炮次爆源与测点 1 距离变动幅度较小，为 78～90m，而测点距离是固定的。虽然爆破地震波频率随着距离增加而衰减，但可认为在小距离变化范围内，频率因距离的这种小幅度变化而表现出来的大小差异不明显。

　　根据表 6.2 中的数据分析可知，相同测点处的分形盒维数 D 比较相近，是一个离散范围很小的取值，这表明在同一地点、爆源情况相近的情况下，爆破地震波分形盒维数 D 所反映的场地岩石介质信息是一样的。

　　对比表 6.2 和表 6.3 中的数据可以发现，对于同次爆破不同测点处的分形盒维数 D 而言，它又体现了随距离增加而下降的趋势，这种规律与频率和距离的关系类似，这表明分形盒维数 D 的主要影响因素是场地介质特征。

　　下面分析分形盒维数与场地介质参数之间的关系。

　　通过前面的分析可知，爆破地震效应研究采用的萨道夫斯基经验公式的变换形式与分形盒维数的计算公式具有相似的表达形式，而对于式（6.14）中的参数 α 和 b'，可分别称其为距离指数和药量参数。

根据分形维数计算准则，所分析形体必须为可以量测的标量。在式（6.14）中，振动强度 A 和折算距离 $\bar{r}$ 均为标量，在坐标平面内其大小都是可以用某个尺度进行量测的，满足分形维数定义的条件。

虽然不能仅根据式（6.14）就称 α 为该爆破地震波曲线的分形维数，而此时 $\bar{r}$ 则被视为矩形盒的量测尺度，但这却已暗示着爆破地震波振动强度的衰减指数 α 与爆破地震波的分形维数值 D 具有密切的关系。

根据爆破地震波振动强度与折算距离的关系及式（6.14）可知，衰减指数 α 对距离的作用最为直接，而对此次试验数据分析可知，爆破地震波振动强度衰减系数 $\alpha = 2.2774$，偏差为 0.1426，其与表 6.2 中各测点处的分形盒维数 D 相比，$\alpha / D \approx 2$。上述数据分析进一步表明爆破地震波分形盒维数反映了场地岩石介质的特征信息，体现了场地岩石介质对爆破地震波传播的衰减作用规律。

根据上面分析，分形盒维数 D 与爆破地震波衰减指数 α 有如下关系式成立：

$$\alpha = \alpha(D) \tag{6.24}$$

式（6.24）表明，分形盒维数 D 可作为爆破地震波场地衰减规律预测的参数。

在实际爆破过程中，科研和工程技术人员往往可以准确地控制爆源参数，但对传播介质影响因素常采用经验法估算，不能准确地了解和掌握场地特征，因而无法准确预测爆破地震波的破坏效应。

而分形盒维数的引入恰好可以解决这个长期困扰爆破工作者的难题，其作为联系爆破地震效应与场地介质特征的桥梁，地质结构的丰富信息高度浓缩于其中，从而其可作为爆破地震波新的物理参数，和最大振幅、持续时间、波数、振动周期、能量等一起成为描述爆破地震波的重要参数。该分析方法为实现对爆破振动更精确的描述，建立适用于不同场地结构特征的爆破振动响应模型，提供了新的研究思路。

第7章 爆破地震波信号多重分形分析方法

7.1 多重分形基本方法

20 世纪 80 年代初，Grassberger[65]系统地提出了多重分形理论，引入多重分形的概念，用广义维数和多重分形谱来描述分形客体，考虑了物理量在几何支集的空间奇异性分布，克服了单一的分形维数不足，可以描述经过复杂的非线性动力学演化过程的结构，在机械故障诊断、地貌与地震形变场特征等涉及分形的领域得到了广泛应用。多重分形理论建立了分形对象的局域标度特性与总体特性的关系，是定义在分形上，由多个标量指数的奇异测度所组成的集合。多重分形理论刻画的是分形测度在支集上的分布情况，即用一个谱函数来描述分形不同层次的特征。这就是从形体的部分（小尺度）出发，根据自相似性质，研究其最终整体（大尺度）特征的理论基础，弥补分形维数缺乏对分形对象的局域标度特性的刻画，建立分形对象的局域标度特性和总体特性的关系[66-69]。

多重分形谱又称奇异谱，是描述多重分形的一套常用的参量。奇异测度的分段结构可以通过多重分形谱进行分析。多重分形谱 $f(\alpha)$ 给出了点集中具有相同奇异性的点分布的几何或概率信息。α 是表征分形体某小区域的分维，又称奇异性指数或标度指数。不同小区域可用不同的 α 来表征。具有相同 α 值的小区域构成一分形子集。多重分形是具有不同维数的分形子集的并集，可看成空间上纠缠在一起由不同奇异强度和分形维数表征的多个分形。由于小区域数目很大，因此可得到一个由不同 α 所组成的无穷序列构成的多重分形谱函数 $f(\alpha)$。

7.2 分形盒维数在爆破地震波信号分析中的不足

按照 6.2 节的算法，通过编写 MATLAB 程序进行计算能够得到地震波信号的分形盒维数值。图 7.1 给出了分形盒维数分别为 $D_1 = 1.056$ 和 $D_2 = 1.258$ 时爆破地震波形图、PSD 谱图和 $-\lg k \sim \lg N$ 拟合关系图。从图 7.1 可以看出 $D_2 = 1.258$ 时 2 号地震波信号的爆破地震波形要比 $D_1 = 1.056$ 时 1 号地震波信号的爆破地震波形复杂，而且 2 号信号的频率主要集中在 100～200Hz，1 号地震波信号的频率则集

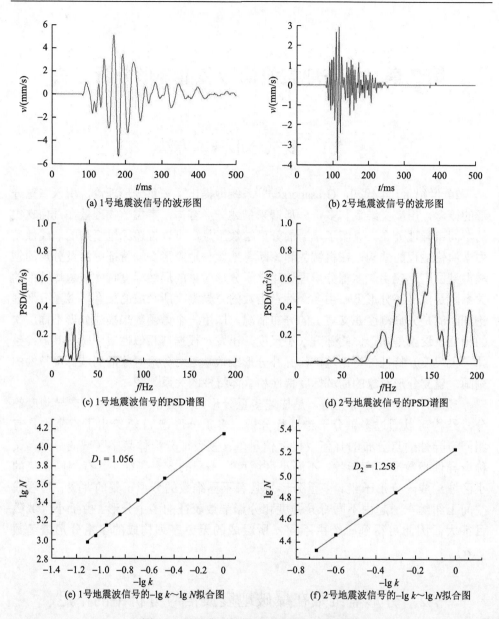

(a) 1号地震波信号的波形图　　　　　　　(b) 2号地震波信号的波形图

(c) 1号地震波信号的PSD谱图　　　　　　　(d) 2号地震波信号的PSD谱图

(e) 1号地震波信号的-lg k~lg N拟合图　　　　　(f) 2号地震波信号的-lg k~lg N拟合图

图 7.1　两种典型的爆破地震波相关参数图

中于 10~50Hz。分析可知，分形盒维数 D 越大，爆破地震波信号局部起伏越大，信号相邻点之间相关性越弱，意味着信号频谱结构中高频成分越多。分形盒维数 D 越小，则信号相邻点之间的相关性越强，相应地，信号高频成分也少。表明分形盒维数 D 的大小反映了爆破地震波信号的频率结构特征。

　　分形盒维数 D 能反映分形信号的几何特征信息,对信号的复杂度和全局性进行定量的描述。分形盒维数计算时用尺度为 $k\delta_1 \times k\delta_2$ 的矩形去覆盖地震波曲线。当网格个数为 N 时,只要盒内有图形的部分,这个盒子就被计算进来,而不考虑盒子内图形的多少,这样得到的分形维数必然失去很多信息,这便是分形方法不够细致之处。

　　随着分形研究的发展,研究发现有些人眼看起来不同的信号可以具有相同的分形盒维数,如分形盒维数分别为 D_1 和 D_2 的曲线合并产生的曲线的分形盒维数值 $D = \max\{D_1, D_2\}$。图 7.2 中的爆破地震波曲线是图 7.1 中盒维数分别为 $D_1 = 1.056$ 和 $D_2 = 1.259$ 时的爆破地震波信号合并所产生的曲线,图 7.3 为合成波形曲线的 $-\lg k \sim \lg N$ 关系图,该拟合曲线的方程为 $\lg N_k = -1.259 \times \lg k + 4.372$。即合成波形曲线的分形盒维数 $D = 1.259$。该结论证明了 $D = \max\{D_1, D_2\}$ 的正确性。

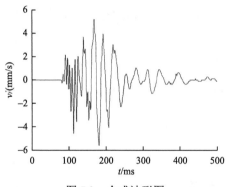

图 7.2　合成波形图

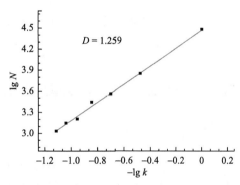

图 7.3　合成波形曲线的 $-\lg k \sim \lg N$ 关系图

　　表 7.1 中描述的是 6 组爆破地震波信号的相关特征参数值,1 号地震波信号均是低频信号,2 号地震波信号均是高频信号。由表 7.1 可知两信号合成后波形曲线的分形盒维数 D 的大小都近似等于 D_2,但是 2 号地震波信号与合成波信号是两种性质完全不同的地震波曲线。因此得到结论是单一的分形盒维数不足以描述地震波信号的本质。为了更精细地描述分形对象的局部特性,弥补上述方法的不足,必须引入能够精细刻画信号局部特征的多重分形分析方法对爆炸地震波信号进行更精细的分析。

表 7.1　地震波相关特征参数

组次	1 号地震波信号				2 号地震波信号				合成信号		
	v_{max}/(mm/s)	$f_{\pm}$/Hz	频率范围/Hz	D_1	v_{max}/(mm/s)	$f_{\pm}$/Hz	频率范围/Hz	D_2	v_{max}/(mm/s)	频率范围/Hz	D
1	5.334	39.3	30~50	1.056	3.954	148.3	90~180	1.258	5.865	13~150	1.259
2	3.556	46.5	35~55	1.071	2.667	85.3	50~130	1.136	4.826	35~120	1.138

组次	1 号地震波信号				2 号地震波信号				合成信号		
	v_{max}/ (mm/s)	$f_±$/Hz	频率范 围/Hz	D_1	v_{max}/ (mm/s)	$f_±$/Hz	频率范 围/Hz	D_2	v_{max}/ (mm/s)	频率范 围/Hz	D
3	3.302	51.2	30～55	1.092	2.159	128.0	90～150	1.203	3.810	20～138	1.204
4	7.874	42.6	30～45	1.065	2.921	102.4	80～140	1.185	7.747	25～130	1.188
5	11.30	85.3	26～95	1.116	2.286	128.0	80～130	1.173	13.59	23～122	1.174
6	4.191	36.5	25～51	1.051	3.175	128.0	65～135	1.179	3.683	22～126	1.182

7.3　爆破地震波信号的多重分形谱计算

爆炸地震波信号的多重分形谱可以通过统计物理学中的盒计数法和小波变换模极大（wavelet transform modulus maxima，WTMM）法计算得到。

7.3.1　基于盒计数法的多重分形谱计算

1. 算法原理

因为采集到的地震波信号是振动速度变化的信号，其信号为一维速度分布曲线，沿横轴方向划分为许多尺寸为 δ 的一维小盒子。盒计数法的具体计算过程如下所示。

（1）定义概率测度 $P_i(\delta)$。设 $S_i(\delta)$ 为盒子尺寸为 δ 时第 i 个小盒子内所有信号的速度数值之和，则第 i 个小盒子内的平均速度的数值分布概率可表示为

$$P_i(\delta) = S_i(\delta)/\sum S_i(\delta) \tag{7.1}$$

式中，$\sum S_i(\delta)$ 是地震波信号的全部速度值之和。

（2）对某些 q 值，计算配分函数 $\chi_q(\delta)$，其中 $-\infty < q < +\infty$，q 为权重因子。

首先定义一个配分函数 $\chi_q(\delta)$，对概率 $P_i(\delta)$ 用 q 次方进行加权求和，即

$$\chi_q(\delta) \equiv \sum P_i(\delta)^q = \delta^{\tau(q)} \tag{7.2}$$

不同的 q 表示不同大小的概率测度 P_i 在配分函数 $\chi_q(\delta)$ 中所具有的比重，从而突出特定的概率测度 P_i 对 $\chi_q(\delta)$ 的贡献，实际计算时，q 不是越大越好，当其值增大到对计算结果已经没有显著影响时，q 的范围就可以截止。如果式（7.2）成立，即配分函数 $\chi_q(\delta)$ 和 δ 有幂函数关系，则可以从 $\ln \chi_q \sim \ln \varepsilon$ 曲线的斜率得到

$$\tau(q) = \frac{\ln \chi_q(\delta)}{\ln \delta}, \ \delta \to 0 \qquad (7.3)$$

式中，$\tau(q)$ 为标度指数。

（3）计算 $\tau(q)$ 与 q 的关系。对每个 q 值，利用 $\chi_q(\delta) = \delta^{\tau(q)}$ 在双对数坐标中采用最小二乘直线拟合的方法估算 $\tau(q)$，得到 $\tau(q)$ 与 q 的关系。

（4）分别估算 α 和 $f(\alpha)$ 的值，得到多重分形谱。

因为概率测度 $P_i(\delta) \propto \delta^\alpha$，$\alpha$ 是奇异指数，子集内的线段数 $N(\delta) \propto \delta^{-f(\alpha)}$，所以

$$\chi_q(\delta) = \sum p_i(\delta)^q = \sum N(P)P^q = \sum \delta^{-f(\alpha)}\delta^{\alpha q} = \sum \delta^{\alpha q - f(\alpha)} = \delta^{\tau(q)} \qquad (7.4)$$

当信号属于多重分形时，有 $\sum \delta^{\alpha q - f(\alpha) - \tau(q)} = 1$。当 $\delta \to 0$ 时，

$$f(\alpha) = \alpha q - \tau(q) \qquad (7.5)$$

$$\alpha = \frac{\mathrm{d}\tau(q)}{\mathrm{d}q} \qquad (7.6)$$

根据式（7.5）分别估算 α 和 $f(\alpha)$ 的值，得到爆破地震波信号的多分形谱图。

2. 基于 C++语言开发环境构建多重分形谱分析平台

C++语言自诞生以来，经过开发和扩充，已经成为一种完全成熟的编程语言。C++语言因为具有优越的性能被人们广泛认可。目前，比较流行的 C++程序开发环境有基于 Windows 平台的 Microsoft Visual C++、Microsoft Visual Studio 2008 等，Microsoft Visual C++是美国微软公司最新推出的可视化 C++开发工具，它的可视化工具和开发向导使 C++应用开发变得非常方便快捷。基于 Visual C++ 9.0 的集成开发环境，按照前面计算步骤进行编写，得到了多重分形谱的分析平台，如图 7.4 所示。多重分形谱的分析平台能够兼容 TXT 格式的数据，读取地震波信号后，选取不同按钮进行多重分形谱分析，能够得到尺度指数和多重分形分布图。并可以在地震数据存放的目录保存分析图形，使用简单、方便。

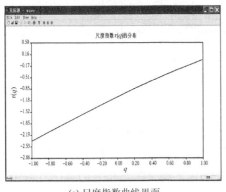
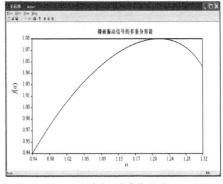

(a) 尺度指数曲线界面　　　　　　　　(b) 多重分形谱曲线界面

图 7.4　多重分形谱的分析平台

　　图 7.5 为地震勘探中所测得的地震波信号。图 7.6 为 q 取[−1, 1]时 $\lg \chi_q(\delta)$ 与 $\lg \delta$ 的关系曲线。q 在[−1, 1]内变化时，图 7.6 中曲线保持较好的线性衰减且汇聚于一点，表明该地震波信号具有较高的标度不变性，属于多重分形的范畴。

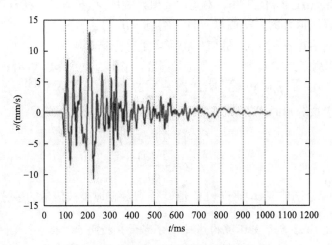

图 7.5　地震勘探中所测得的地震波信号

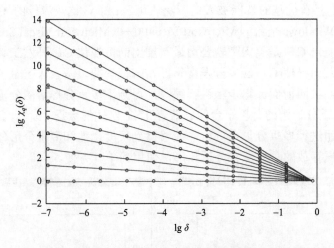

图 7.6　$\lg \chi_q(\delta)$ 与 $\lg \delta$ 关系曲线

　　图 7.7 为尺度函数 $\tau(q)$ 的分布图。$\tau(q)$ 分布并不是标准的直线，而是大致呈直线分布，这说明信号中出现不同的奇异性。图 7.8 是地震波信号的多重分形谱，形状为钩状，是由一系列的奇异性指数为 α 的集合相互交织组合而成的，其中每一个子集具有一个确定的分维 $f(\alpha)$，不同的 α 对应的 $f(\alpha)$ 便构成了一个刻画多重分形性质的维数谱。多重分形谱的宽度 $\Delta \alpha = \alpha_{\max} - \alpha_{\min} = 0.30$，反映了整个分

形结构上概率测度分布的不均匀性的程度，图 7.8 中 $f(\alpha)$ 值是对信号的复杂程度、不规则程度及不均匀程度的一种度量。图 7.8 描述了地震波信号不同奇异性指数 α 的概率分布特征。

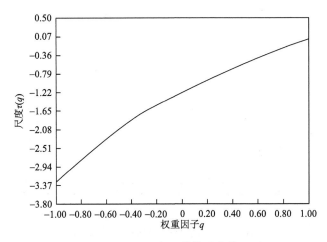

图 7.7　$\tau(q)$ 与 q 的关系曲线

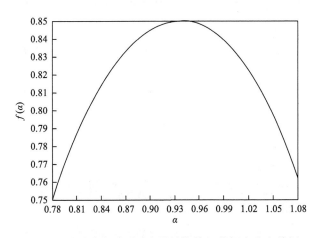

图 7.8　地震波信号不同奇异性指数 α 的概率分布特征

3. 多重分形分析的优势体现

图 7.9、图 7.10 分别是两信号的多重分形谱图。图 7.9 中，$\Delta\alpha = \alpha_{\max} - \alpha_{\min} = 0.22$，且奇异性指数值为 $0.66 \sim 0.88$。图 7.10 中 $\Delta\alpha = \alpha_{\max} - \alpha_{\min} = 0.31$，奇异性指数分布范围更大，说明合成波信号的概率测度分布的不均匀性程度比原始地震波信号大。而且由图 7.9 和图 7.10 可知 $f(\alpha)$ 值的分布也不一样。分析表明，多重分形更

加精细地描述了地震波信号的局部标度特性和不同区域的不均匀程度，从信号的局部出发研究其最终的整体特征，弥补简单分形的不足。

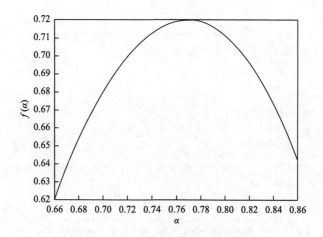

图 7.9　原始高频信号的多重分形谱

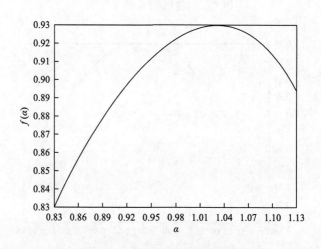

图 7.10　合成信号的多重分形谱

7.3.2　基于 WTMM 法的多重分形谱计算

WTMM 法是近年来发展的一种有效且相对比较简单的多重分形谱计算方法，它的有效性和简单性已经在很多应用方面得到检验。同时 WTMM 法弥补了盒计数法对奇异性指数估计不稳定的不足。

1. WTMM 和 Lipschitz 指数

1）WTMM

WTMM 的定义为：假设 $W_f(s,x)$ 是地震波信号 $f(x)$ 的小波变换系数，固定尺度参数 s 时，若对任意的 x，$x \in (x_0 - \delta, x_0 + \delta)$ 有 $|W_f(s,x)| \leqslant |W_f(s,x_0)|$，则称 (s,x_0) 为小波变换在尺度 s 下的模极大值点，$|W_f(s,x_0)|$ 为模极大值。这些极大值 x_0 的连线为模极大线族，称为模极大值树。

2）Lipschitz 指数

爆炸地震波信号 $f(x) \in \mathbf{R}$ 在某点处的奇异性一般用 Lipschitz 指数描述。Lipschitz 指数的定义为假设函数 $f(x)$ 在 x_0 邻域使得

$$|f(x_0 + h) - p_n(x_0 + h) \leqslant k|h|^\alpha \tag{7.7}$$

则称 $f(x)$ 在 x_0 处的 Lipschitz 指数为 α。其中 p_n 为 $f(x)$ 在 x_0 处泰勒展开式前 n 项的和，k 和 h 为常数。函数某点处的 Lipschitz 大小反映了函数在该点处的奇异性大小。α 越大，其局部越光滑；α 越小，其局部的奇异性越大。

函数在一点连续可微，则该点的 Lipschitz 为 1；在点 x_0 有界但不连续的函数，Lipschitz 为 0；如果函数 $f(x)$ 在点 x_0 处的 Lipschitz 不是 1，则称函数在 x_0 处是奇异的。

3）Lipschitz 指数与 WTMM 之间的关系

Mallat 已证明，当 $x \in [a,b]$ 时，如果 $f(x)$ 的小波变换系数满足

$$|W_f(s,x)| \leqslant As^\alpha \tag{7.8}$$

式中，A 是常数，则称 $f(x)$ 在区间 $[a,b]$ 上的 Lipschitz 指数一致为 α。式（7.8）把小波变换的尺度 s 和 Lipschitz 指数联系在一起。当 $\alpha > 0$ 时，小波变换模极大值随尺度 s 的增大而增大；当 $\alpha < 0$ 时，小波变换模极大值随尺度 s 的增大而减小；当 $\alpha = 0$ 时，不随尺度 s 变化，如阶跃信号。

2. 基于 WTMM 法的多重分形分析算法原理

WTMM 法是 Muzy 等[70]提出的一种有效估计多重分形奇异谱的方法。该方法的关键是由小波变换模极大值构造配分函数。WTMM 法利用分布在小波变换模极大树上测度的 q 阶矩来得到依赖于 q 的尺度函数 $\tau(q)$，即

$$Z(s,q) \sim s^{\tau(q)} \tag{7.9}$$

式中，$Z(s,q)$ 是尺度为 s 时所有 WTMM 法的 q 阶矩的配分函数，且

$$Z(s,q) = \sum_{\Omega(s)} (Wf_{\omega_i(s)})^q \tag{7.10}$$

式中，$\Omega(s) = \{\omega_i(s)\}$ 是尺度为 s 时所有模极大值的集合。基于小波的配分函数和通常定义的配分函数是相类似的：分析小波可以看成某种特殊形状的盒子，尺度 s

看成盒子的尺寸，盒子的定位由极大线确定，从而得到给定尺度下的分区。权重因子 q 具有筛选作用，所以尺度函数 $\tau(q)$ 能够从整体上反映信号的 Lipschitz 指数分布情况：当 $q > 0$ 时，大的奇异性指数被提取出来，小的奇异性指数被抑制；当 $q < 0$ 时，情况正好相反。

　　假如 $\tau(q)$ 与 q 是线性关系，则表明只有一种类型的奇异点；否则 $\tau(q)$ 的局部斜率将给出相对于 q 的奇异性指数 $\alpha(q)$，于是有

$$\tau(\alpha) = \alpha(q)q + C(q), \quad C(q) = f[\alpha(q)] \tag{7.11}$$

对式（7.11）进行 Legendre 变换得到

$$\alpha = \frac{\mathrm{d}\tau(q)}{\mathrm{d}q}, \quad f[\alpha(q)] = \alpha(q)q - \tau(\alpha) \tag{7.12}$$

根据式（7.12）分别估算 α 和 $f(\alpha)$ 的值，得到爆炸地震波信号的多分形谱。

7.4　算法应用实例

　　根据爆炸地震波的特点采用上述基于小波变换模极大法的多重分形谱算法对所测得的地震波信号进行分析，利用 MATLAB 编程求解得到其多重分形谱及相关特征参数。多重分形谱的 MATLAB 程序设计流程图如图 7.11 所示。

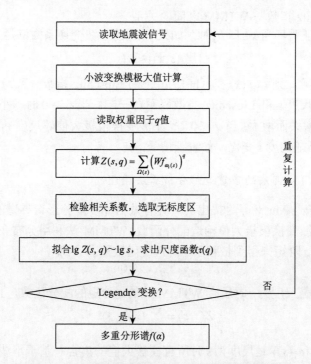

图 7.11　多重分形谱的 MATLAB 程序设计流程图

图 7.12 为典型爆破地震波信号的小波变换及模极大值分布图。选择小波为具有足够高阶消失矩的 Gaussian 小波。图 7.12（b）与（c）分别是爆破地震波信号

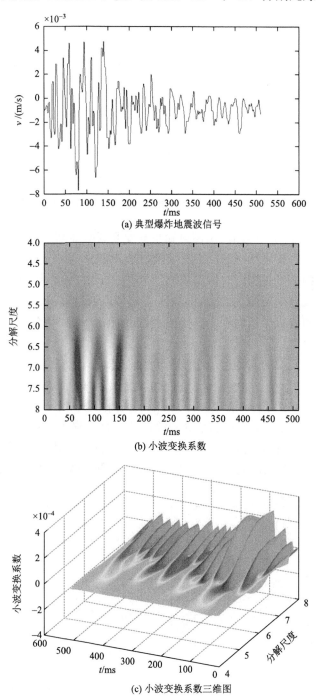

(a) 典型爆炸地震波信号

(b) 小波变换系数

(c) 小波变换系数三维图

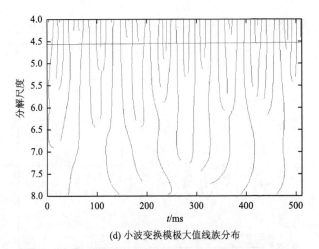

(d) 小波变换模极大值线族分布

图 7.12 爆破地震波信号的小波变换及模极大值分布图

的小波变换系数及其三维图，由图可知小波变换系数清晰地反映出地震波信号的能量分布情况，并且显然在高尺度上信号能量分布的差别较大。图 7.12（b）中小波系数越大，则灰度越深。时域地震波信号在 75ms、100ms、120ms、150ms 处有明显的冲击成分，在图 7.12（b）、（c）中均可清晰地显示。图 7.12（d）中为爆破地震波信号的模极大值线族，选择使用 Gaussian 小波，能够使模极大值线族延伸至最小细节尺度。

在以上小波变换的基础上，能够计算得到 $Z(s,q)$，然后通过 $\lg Z(s,q)$ 与 $\lg s$ 的线性衰减特性计算 $\tau(q)$，最后进行 Legendre 变换计算得到爆炸地震波信号的多分形谱 $f(\alpha)$。图 7.13 为 q 取某些值时 $\lg Z(s,q)$ 与 $\lg s$ 的关系，从图可知当 q 逐渐变化时，$\lg s$ 和 $\lg Z(s,q)$ 均具有非常好的线性关系且汇聚于一点，表明地震波信号具有非常理想的标度不变性，属于多重分形的范畴，可以用多重分形方法来研究该地震波信号。图 7.13 经线性回归后即可得到图 7.14 中的 $\tau(q)$ 分布，此时 $\tau(q)$

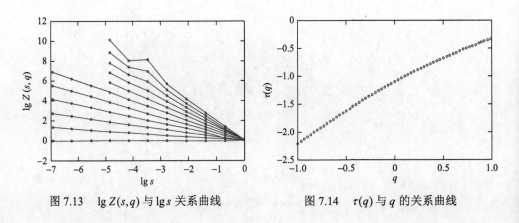

图 7.13　$\lg Z(s,q)$ 与 $\lg s$ 关系曲线　　　　图 7.14　$\tau(q)$ 与 q 的关系曲线

分布不是标准的直线，而是一个凸向横轴的函数曲线，尺度函数是关于 q 严格单调递增的凸函数，说明 $\tau(q)$ 与 q 之间存在明显的非线性关系，也说明爆破地震波信号存在不同的奇异性。

图 7.15 为爆破地震波信号的多重分形谱，图形的顶部较平坦、开口宽度大。由图 7.15 可以看出 Lipschitz 指数 α 的分布区间为 $[-2.0, 2.0]$，分布范围较广，说明爆破地震波信号的非均匀变化较大。同时 $f(\alpha)$ 的值大部分分布在 Lipschitz 指数 $\alpha < 1$ 的范围内，说明在该范围内，地震波信号具有很强的奇异性，这些部分体现了信号的突变；而在 Lipschitz 指数 $\alpha > 1$ 时，$f(\alpha)$ 分布范围较少，

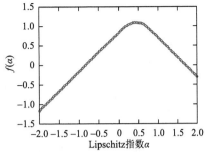

图 7.15　爆破地震波信号的多重分形谱

说明该部分地震波信号更平缓、更光滑。综上所述表明：多重分形谱能准确地反映地震波信号的局部奇异特征及其分布特点。

7.5　地震波能量局部奇异性的多重分形分析

以不同激发岩性震源为例进行地震波能量局部奇异性特征提取，使用的地震波信号均为重构后有效反射波频段能量的信号。然后分析这些信号能量的局部奇异性特征差异，找到信号能量奇异性特征与岩层介质特性，以及震源特性的联系。

地震波数据是含泥灰岩和灰岩两种不同岩性中震源激发实验得到的。实验时，在含泥灰岩区域和灰岩区域分别钻两个炮孔，且炮孔直径为 140mm、深度为 11m。在两个区域的两个炮孔中分别装填 2kg 的乳化炸药和黑索今（research department explosive，RDX）炸药，使用碎石屑和高强度水泥填塞，共布设 48 道检波器分别起爆并接收地震波信号。

7.5.1　单道地震波信号的多重分形分析

基于 WTMM 法的多重分形谱计算原理，通过编制其计算程序，计算得到四组实验所测得的第 1 道地震波信号的多重分形谱如图 7.16 和图 7.17 所示。由图 7.16 可知，采用乳化和 RDX 两种不同炸药震源激发时，地震波信号多重分形谱的变化规律相同，即在含泥灰岩中激发时，谱图比在灰岩中更宽，奇异性指数变化更大。由图 7.17 可知，在含泥灰岩和灰岩两种不同岩石中激发时，地震波信号多重分形谱的变化规律相同，即 RDX 炸药激发时比乳化炸药激发时更宽，奇异性指数变化更大。表 7.2 统计了 4 组地震记录的第 1 道地震波信号的多重分形谱相关参数。图 7.16、图 7.17 和表 7.2 的数

据值均表明：激发岩石越松软，地震波信号的多重分形谱越宽，能量的奇异性越大；震源药性越强，地震波信号的多重分形谱越宽，能量的奇异性越大。

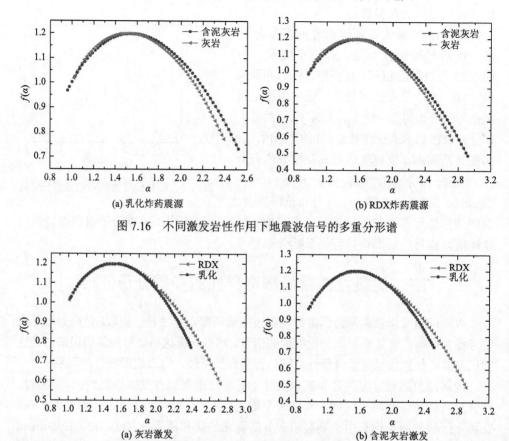

图 7.16　不同激发岩性作用下地震波信号的多重分形谱

图 7.17　不同炸药作用下地震波信号的多重分形谱

表 7.2　第 1 道地震波信号的多重分形谱相关参数

炸药种类	激发岩性	α_{min}	α_{max}	$\Delta\alpha$	$f(\alpha_{min})$	$f(\alpha_{max})$	Δf
乳化	含泥灰岩	0.96	2.52	1.56	0.73	1.20	0.47
	灰岩	1.02	2.39	1.37	0.77	1.20	0.43
RDX	含泥灰岩	0.98	2.92	1.94	0.49	1.20	0.71
	灰岩	1.01	2.72	1.71	0.59	1.20	0.61

7.5.2　多道地震波信号的多重分形分析

为了研究不同距离（即不同道检波器）所测地震波信号能量的奇异性特征，

对含泥灰岩和灰岩两种不同岩性条件下乳化炸药与 RDX 炸药震源激发所测 4 组地震波信号的第 1、4、8、12、16、20、24、28、32、36、40、48 道地震波信号同样应用前面编制的程序进行基于 WTMM 法的多重分形分析。图 7.18 和图 7.19展示了不同条件下震源激发地震波信号的多重分形谱立体图。由图 7.18～图 7.20可知，含泥灰岩激发时，整条测线地震波信号的多重分形谱都比灰岩中更宽，即含泥灰岩激发时地震波能量的奇异性大。RDX 炸药震源激发时地震波信号的多重分形谱都比乳化炸药震源时更宽，即 RDX 炸药激发时地震波能量的奇异性大。表 7.3 统计了整条测线地震波信号的多重分形谱相关特征参数。由表 7.3 可知地震波信号的奇异值都较大，分布在 0.96～3.11 范围内，且大部分谱值分布在 $\alpha > 1$ 的区域。同时含泥灰岩激发时的奇异值 α_{max} 和奇异值变化范围 $\Delta\alpha$ 大于或等于灰岩；RDX 炸药激发时的奇异值 α_{max} 和奇异值变化范围 $\Delta\alpha$ 大于或等于乳化炸药，图 7.20清晰地反映了该变化特征。

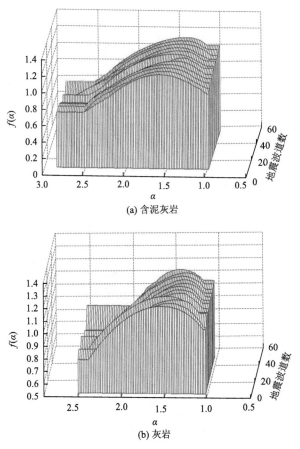

图 7.18　乳化炸药震源激发地震波的多重分形谱立体图

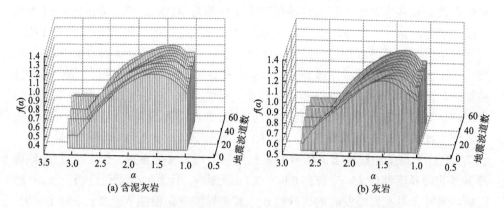

图 7.19　RDX 炸药震源激发地震波的多重分形谱立体图

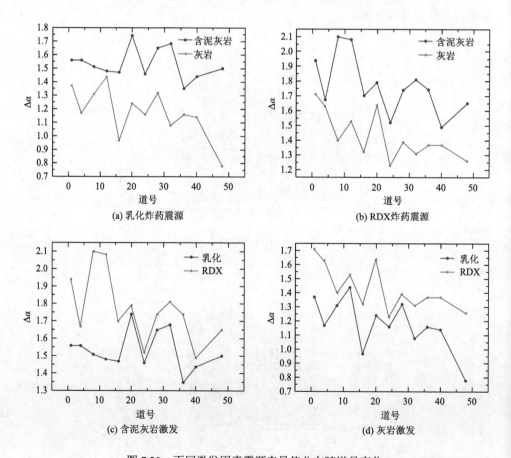

图 7.20　不同激发因素震源奇异值分布随道号变化

表 7.3　多道地震波信号的多重分形谱相关特征参数

道号	炸药种类	激发岩性	α_{min}	α_{max}	$\Delta\alpha$	$f(\alpha_{min})$	$f(\alpha_{max})$	Δf
1	乳化	含泥灰岩	0.96	2.52	1.56	0.73	1.20	0.47
		灰岩	1.02	2.39	1.37	0.77	1.20	0.43
	RDX	含泥灰岩	0.98	2.92	1.94	0.49	1.20	0.71
		灰岩	1.01	2.72	1.71	0.59	1.20	0.61
4	乳化	含泥灰岩	1.0	2.56	1.56	0.67	1.20	0.53
		灰岩	1.01	2.18	1.17	0.83	1.20	0.37
	RDX	含泥灰岩	1.01	2.68	1.67	0.65	1.20	0.55
		灰岩	1.03	2.66	1.63	0.55	1.20	0.65
8	乳化	含泥灰岩	1.02	2.53	1.51	0.72	1.20	0.48
		灰岩	1.09	2.40	1.31	0.72	1.20	0.48
	RDX	含泥灰岩	1.01	3.11	2.10	0.35	1.20	0.85
		灰岩	1.09	2.49	1.40	0.69	1.20	0.51
12	乳化	含泥灰岩	1.03	2.51	1.48	0.71	1.20	0.49
		灰岩	1.07	2.51	1.44	0.69	1.20	0.51
	RDX	含泥灰岩	1.02	3.10	2.08	0.38	1.20	0.82
		灰岩	1.08	2.61	1.53	0.61	1.20	0.59
16	乳化	含泥灰岩	1.04	2.51	1.47	0.68	1.20	0.52
		灰岩	1.07	2.04	0.97	0.86	1.20	0.34
	RDX	含泥灰岩	1.03	2.73	1.70	0.67	1.20	0.53
		灰岩	1.08	2.40	1.32	0.73	1.20	0.47
20	乳化	含泥灰岩	1.07	2.81	1.74	0.06	1.20	1.14
		灰岩	1.09	2.33	1.24	0.67	1.20	0.53
	RDX	含泥灰岩	1.08	2.87	1.79	0.61	1.20	0.59
		灰岩	1.09	2.73	1.64	0.52	1.20	0.68
24	乳化	含泥灰岩	1.06	2.52	1.46	0.69	1.20	0.51
		灰岩	1.09	2.25	1.16	0.74	1.20	0.46
	RDX	含泥灰岩	1.07	2.59	1.52	0.76	1.20	0.44
		灰岩	1.09	2.32	1.23	0.78	1.20	0.42
28	乳化	含泥灰岩	1.08	2.73	1.65	0.63	1.20	0.57
		灰岩	1.09	2.41	1.32	0.51	1.20	0.69
	RDX	含泥灰岩	1.08	2.82	1.74	0.56	1.20	0.64
		灰岩	1.10	2.49	1.39	0.62	1.20	0.58
32	乳化	含泥灰岩	1.06	2.74	1.68	0.52	1.20	0.68
		灰岩	1.09	2.17	1.08	0.79	1.20	0.41
	RDX	含泥灰岩	1.06	2.87	1.81	0.49	1.20	0.71
		灰岩	1.09	2.40	1.31	0.67	1.20	0.53
36	乳化	含泥灰岩	1.05	2.40	1.35	0.73	1.20	0.47
		灰岩	1.09	2.25	1.16	0.76	1.20	0.44
	RDX	含泥灰岩	1.06	2.80	1.74	0.53	1.20	0.67
		灰岩	1.08	2.45	1.37	0.60	1.20	0.60
40	乳化	含泥灰岩	1.10	2.54	1.44	0.67	1.20	0.53
		灰岩	1.11	2.25	1.14	0.74	1.20	0.46
	RDX	含泥灰岩	1.09	2.58	1.49	0.66	1.20	0.54
		灰岩	1.09	2.46	1.37	0.67	1.20	0.53
48	乳化	含泥灰岩	1.10	2.51	1.41	0.65	1.20	0.55
		灰岩	1.11	1.89	0.78	0.91	1.20	0.29
	RDX	含泥灰岩	1.12	2.77	1.65	0.55	1.20	0.65
		灰岩	1.10	2.36	1.26	0.73	1.20	0.47

第 8 章 爆破地震波信号匹配追踪分析方法

信号的时频分析一直是学术界和工程界实现特征提取的重要工具和手段之一,通过时频分析得到两个主要的地震相特征参数:振幅和频率。信号的时频分析本质上就是将信号从时域转换到频域,进而研究信号的频率特性[71, 72]。

8.1 匹配追踪算法基本理论

8.1.1 匹配追踪算法

Mallat 和 Zhang 提出的匹配追踪(matching pursuit)法是一种将信号按字典原子逐步分解的过程。图 8.1 为匹配追踪分解示意图。首先,在原子库中选取与信号 X_{n-1} 最匹配的原子 ψ_{n-1},并求出投影值 $a_{n-1}\psi_{n-1}$ 和差值信号 X_n。其次,将残余信号通过上述过程在原子库中找到最匹配的原子 ψ_n,求出投影值 a_n,得到差值信号 X_{n+1}。继续上述步骤,直到残余信号的能量满足设定的条件。这样即可将待分析的信号以选定的原子线性表示,通过分析这些原子的特性,即可获取待分析的信号的时频特性。匹配追踪算法原理表明选用的字典原子将影响实际匹配追踪分解的效果。在地震勘探中,由于爆破地震波可看成地震子波的复合体,因此可通

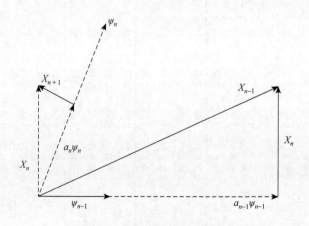

图 8.1 匹配追踪分解示意图

过选用子波的方式，来研究分析爆破地震波时频特性，此时获取的爆破地震波时频特性也更符合地震勘探的实际情况。考虑到实际地震子波的特性，在选用分解原子时，使其应具有较好的时频聚集性。

由匹配追踪分解原理可知，匹配追踪算法是一种贪婪算法，该算法是通过一类信号构建过完备原子库，将待分析信号投影到原子库中，获取用原子库中原子线性表达。待分析信号的表达式在一个有限维 Hilbert 空间 H 中，D 为此空间的原子库，设信号为 $f \in H$，长度为 N，D 中的元素满足：

$$D = \{g_\gamma : \gamma \in \Gamma\} \| g_\gamma \| = 1 \tag{8.1}$$

匹配追踪算法通过把信号 f 垂直投影到原子库 D 的匹配子波上。设 $g_{\gamma 0} \in D$，则 f 可以表示为

$$f = \langle f, g_{\gamma 0} \rangle g_{\gamma 0} + Rf \tag{8.2}$$

式中，Rf 表示信号 f 利用匹配子波 $g_{\gamma 0}$ 进行近似后的差值。为了使差值尽可能小，就必须使内积项 $\langle f, g_{\gamma 0} \rangle$ 尽可能大。很显然，$g_{\gamma 0}$ 与 Rf 是正交的，因此

$$\| f \|^2 = | \langle f, g_{\gamma 0} \rangle |^2 g_{\gamma 0} + \| Rf \|^2 \tag{8.3}$$

设 $R^0 f = f$，且进行了 n 次迭代得到差值 $R^n f$，此时再选择一个匹配子波 $g_{\gamma n} \in D$，使其匹配 $R^n f$，即

$$R^n f = \langle R^n f, g_{\gamma n} \rangle g_{\gamma n} + R^{n+1} f \tag{8.4}$$

$R^{n+1} f$ 就是进行了 $n+1$ 次迭代得到的差值。可见匹配追踪就是利用式（8.4）描述的一个重复迭代过程，若迭代 m 次，则可将 f 表示为如下形式：

$$f = \sum_{n=0}^{m-1} \langle R^n f, g_{\gamma n} \rangle g_{\gamma n} + R^m f \tag{8.5}$$

经过 m 次分解计算后，此时的原始信号可以表示为 m 个匹配子波的线性组合，其误差为第 $m-1$ 次迭代计算后的差值。理论研究表明，匹配追踪算法是收敛的。

由于 Gaussian 函数具有良好的时频聚集性，一般选用 Gabor 原子构建原子库。先将此基函数的时频参数进行离散化，形成过完备的原子库，原子库中 Gabor 原子可表示为

$$g_r = \frac{1}{\sqrt{s}} g\left(\frac{t-u}{s}\right) \cos(vt + \omega) \tag{8.6}$$

式中，$g(t) = e^{-\pi t^2}$。通过将待分解的信号逐次从原子库中进行比对迭代，直至差值满足一定的条件。匹配追踪算法的缺点是计算量大，运算速度慢。

考察给定函数 $X(t) = \frac{1}{\sqrt{280}} e^{\left[-\pi\left(\frac{t-200}{280}\right)^2\right]} \cos\left[18\frac{(t-200)}{280}\right]$ 的波形，如图 8.2 所示。

对其进行匹配追踪分解，其匹配追踪分解结果如图 8.3 所示。差值信号较原始信号低 2 个数量级，可见匹配追踪算法具有很高的分解精度。

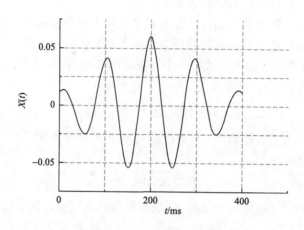

图 8.2　给定函数波形

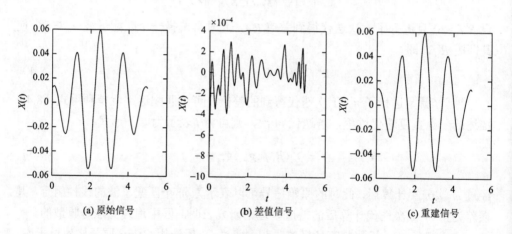

(a) 原始信号　　　　　　　(b) 差值信号　　　　　　　(c) 重建信号

图 8.3　对给定函数的匹配追踪分解

8.1.2　基于匹配追踪算法的时频分析

时频分析就是把接收到的地震波信号转换到频率域进行分析，其是一系列重要地震资料处理算法的基础和前提。时频分析的步骤为先将待分析信号进行子波分解，得到用选定的原子重建分析信号的线性表达式，再利用 Wigner-Ville 分布（以下简称 WVD）分别求取各时频原子的 WVD，并将其进行叠加，得到信号的时频分布，并能很好地降低 WVD 交叉干扰项的影响。

信号 $X(t)$ 的 WVD 如下:

$$W(t,\omega) = \frac{1}{2\pi} \int x\left(t - \frac{1}{2}\tau\right) * x\left(t + \frac{1}{2}\tau\right) \mathrm{e}^{-\mathrm{j}\tau\omega} \mathrm{d}\tau \tag{8.7}$$

WVD 不含有任何的窗函数,因此避免了时域与频域的局部化矛盾,理论上的时间-带宽达到了测不准原理给出的下界。但是 WVD 属于二次时频能量分布,并非线性的,即两信号和的 WVD 并不等于每一个信号的 WVD 之和,此即 WVD 的交叉干扰项,这制约着其在信号处理方面的应用。

令 $X(t) = X_1(t) + X_2(t)$,则

$$\begin{aligned}W(t,\omega) &= \frac{1}{2\pi} \int \left[x_1\left(t + \frac{1}{2}\tau\right) + x_2\left(t + \frac{1}{2}\tau\right)\right]^* \left[x_1\left(t - \frac{1}{2}\tau\right) + x_2\left(t - \frac{1}{2}\tau\right)\right] \mathrm{e}^{-\mathrm{j}\tau\omega} \mathrm{d}\tau \\ &= W_{x_1}(t,\omega) + W_{x_2}(t,\omega) + 2\,\mathrm{Re}[W_{x_1+x_2}(t,\omega)]\end{aligned} \tag{8.8}$$

式中, $2\,\mathrm{Re}[W_{x_1+x_2}(t,\omega)]$ 为交叉项。

由式(8.8)可知,有时 WVD 在时间和频率上把这些值置于两个信号的中间。因此产生了交叉项。交叉项极大地干扰时频分布,同时也抑制了二次型时频分布的推广。若能结合匹配追踪算法,将信号分解成基本原子的线性叠加,分别对每个信号做 WVD,再将其进行叠加,能达到很好的时频分析效果。图 8.4 是 4 种频率成分的调制信号。

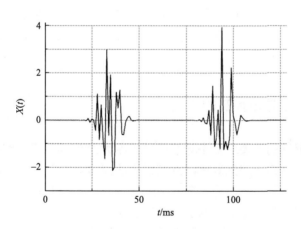

图 8.4　4 种频率成分的调制信号

分别直接计算 WVD 和对其进行子波分解后计算 WVD,结果如图 8.5 所示。在图 8.5(a)中,处理后的信号细节部分主要集中在三个时间段和三个频率段上,而原始 4 种频率成分信号主要是由两两频率或相位相近的信号组成的,这表明处理后的信号并不能很好地还原原始合成信号的细节部分。这是因为由式(8.8)可

以看到 WVD 在时间域和频率域将这些值置于两个信号之间，产生了干扰项。4 种频率成分信号两两相互形成干扰项，共产生 6 个交叉项（其中中间阴影部分的交叉项为重叠交叉项，为由左上与右下交叉项和左下与右上交叉项的重叠）。

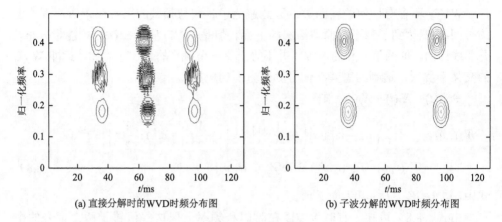

(a) 直接分解时的WVD时频分布图   (b) 子波分解的WVD时频分布图

图 8.5   WVD 时频图

若将 WVD 对 t 进行积分，可以得到

$$\int_{-\infty}^{\infty} W_f(t,\omega)\mathrm{d}t = |F(\omega)|^2 \qquad (8.9)$$

式（8.9）表明，WVD 在某频率处对 t 积分等于该频率处的能量谱。匹配追踪算法的特点决定了其在分解信号及获取信号时频特性时计算时间较长，不适合大量地震数据的处理。

8.1.3   匹配追踪算法存在的不足

匹配追踪算法的主要缺点是计算量过于庞大。而实际爆破地震勘探中的数据量巨大，如果选择匹配追踪算法在规模很大的词典中进行分解，需要付出更大的代价。为了对匹配追踪算法的计算复杂度有一个具体的认识，以 Gabor 原子为例来说明过完备原子库的组成。为了保证原子库的过完备性，需对 Gabor 原子库进行过完备扫描，Gabor 原子库是由决定 Gabor 原子特性的振幅、中心时间、频率和相位 4 个参数扩展而成的，因此，对 Gabor 原子库的扫描即是对此 4 个参数的过完备扫描。对中心时间和频率的扫描计算复杂度均为 $O(N)$，振幅扫描计算复杂度为 $O[\lg N]$，相位参数在 $0 \sim 2\pi$ 扫描，故过完备匹配追踪算法复杂度为 $O[N^2 \lg N]$。若信号长度为 512，则原子库数量为 2359296，巨大的原子库是造成分解困难的根本原因。

8.2　改进匹配追踪算法对爆破地震波的处理

8.2.1　算法步骤

考虑到 Gabor 原子受振幅、频率、中心时间和相位 4 个参数控制，对过完备原子库的扫描实质上是对 4 个参数的整体寻优过程，若能根据实际情况提前获取某些参数的取值范围，便能降低基函数的扫描范围，提高算法运算速率。

Hilbert 变换能有效地提取信号瞬时频率和相位。设 $X(t)$ 是要输入的实信号，$R(t)$ 为 $X(t)$ 的 Hilbert 变换

$$R(t) = X(t) * h(t) \tag{8.10}$$

频域中

$$R(\omega) = X(\omega) * h(\omega) \tag{8.11}$$

式中，$h(t)$ 为 Hilbert 变换因子

$$h(t) = \frac{1}{\pi t}, \quad h(\omega) = \begin{cases} -\mathrm{j}, & \omega > 0 \\ +\mathrm{j}, & \omega < 0 \end{cases} \tag{8.12}$$

构造复数信号 $f(t)$：

$$f(t) = X(t) + \mathrm{j}R(t) \tag{8.13}$$

将式（8.10）代入式（8.13），得

$$f(t) = X(t) + \mathrm{j}X(t) * h(t) \tag{8.14}$$

则 $f(t)$ 的傅里叶谱为

$$\begin{aligned} f(\omega) &= X(\omega) + \mathrm{j}R(\omega) = X(\omega) + \mathrm{j}X(\omega)h(\omega) \\ &= X(\omega)[1 + \mathrm{j}h(\omega)] = X(\omega)H(\omega) \end{aligned} \tag{8.15}$$

故

$$H(\omega) = \begin{cases} 2, & \omega > 0 \\ 0, & \omega < 0 \end{cases} \tag{8.16}$$

若 $f(t)$ 的模是 $A(t)$，相位是 $\theta(t)$，则

$$X(t) = A(t)\cos\theta(t) \tag{8.17}$$

$$R(t) = A(t)\sin\theta(t) \tag{8.18}$$

于是 $f(t)$ 还可以记为

$$f(t) = A(t)\mathrm{e}^{\mathrm{j}\theta t} \tag{8.19}$$

$$A(t) = \sqrt{X^2(t) + R^2(t)} \tag{8.20}$$

$$\theta(t) = \arctan[R(t) / X(t)] \tag{8.21}$$

通常定义 $\omega(t)$ 为瞬时频率

$$\omega(t) = \frac{\mathrm{d}\theta(t)}{\mathrm{d}t}$$

（8.22）

　　任何一种形式的地震子波或地震波形，例如，$X(t) = A(t)\sin\theta(t)$ 或者 $X(t) = \sum A_i(t)\cos\theta_i(t)$，均可用振幅 $A(t)$、相位 $\theta(t)$ 或者频率 $\omega(t)$ 等参数描述，地下地质条件对地震波的影响就体现在这些参数上，只不过在一定的地质条件下某些参数反应比较明显，而另一些参数反应不那么敏感。

　　利用 Hilbert 变换可提前提取其瞬时频率和相位，但 Hilbert 变换要求原始信号为单频率信号，爆破地震波信号明显不符合这一条件。可以将爆破地震波信号看成一定数量的子波，这是进行匹配追踪的前提。在此基础上，可以对爆破地震波信号进行 Hilbert 变换，获取优势频率范围，建立动态子波库，在有限的动态子波库范围内进行匹配搜索，可以有效地降低运算量，提高运算速率。

　　具体算法步骤如下所示。

　　（1）离散化 Gabor 基函数的时频参数，形成原子库 $D_i(i = 1, 2, \cdots, I)$。

　　（2）将原始信号 $X(t)$ 赋值给初始差值信号 r_0。

　　（3）用 Hilbert 变换计算差值信号 $r_m(m = 0, 1, 2, \cdots, M-1)$。

　　（4）计算变换后信号的瞬时包络、瞬时相位和瞬时频率。

　　（5）找到包络最大值及其对应的时间位置，计算相应时间处的瞬时频率和瞬时相位，得到 Gabor 函数相位角和主频的估计值。

　　（6）将差值信号 r_m 从限定的原子库中找出与原始信号最匹配的原子 d_{mi}，求出匹配系数 c_{mi}，并将差值信号减去最匹配的原子，得到新差值信号 r_{m+1}。

　　（7）重复（3）～（6），直到差值信号小于一定的阈值，完成了对原始信号 $X(t)$ 的分解：

$$X(t) = \sum_{i=1}^{I} c_{mi}d_{mi} + r_{m+1}$$

（8.23）

8.2.2　算法复杂度比较

　　假定对一个长度为 N 的信号进行匹配追踪分解，为了保证原子库的过完备性，需要对 4 个参数进行过完备扫描，中心时间 u 和频率 v 扫描的算法复杂度均为 $O(N)$，振幅扫描的算法复杂度为 $O[\lg N]$，相位参数在 $0 \sim 2\pi$ 扫描，故传统匹配追踪算法复杂度为 $O[N^2\lg N]$。而双参数匹配追踪算法已经获取频率相位参数信息，其算法复杂度为 $O[N\lg N]$，运算速率明显提高，分解信号长度越长，双参数匹配追踪算法运算速率优势越大，更适合处理数据量大的地震波信号。

8.2.3　与传统匹配追踪算法比较

本节分别采用传统匹配追踪算法和改进匹配追踪算法对图 8.6 中函数进行分解，在给定阈值小于原始波形两个数量级的条件下，两种算法差值比较图如图 8.7 所示，差值均值越小，表明分解的效果越好。

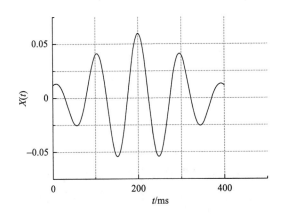

图 8.6　给定函数波形图

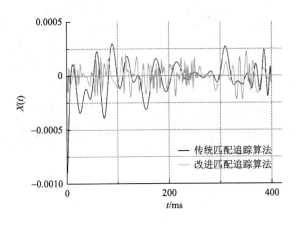

图 8.7　两种算法差值比较图

分别计算差值均值可以得到改进匹配追踪算法分解后的差值均值要小于传统匹配追踪算法分解后的差值均值，且在进行波形分解时，改进匹配追踪算法运算速率明显快于传统匹配追踪算法，这在对大量的地震波信号进行处理时有着巨大的优势。

为了验证改进匹配追踪算法对提取信号时频特性的有效性，本节进行了合成信号试算。合成信号图（由两种频率和两种相位组成）如图 8.8 所示。

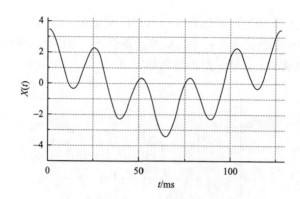

图 8.8　合成信号图

对合成信号进行短时傅里叶变换获取时频特性，同时对合成信号进行匹配追踪分解后计算合成信号子波分解的 WVD，结果如图 8.9 所示。

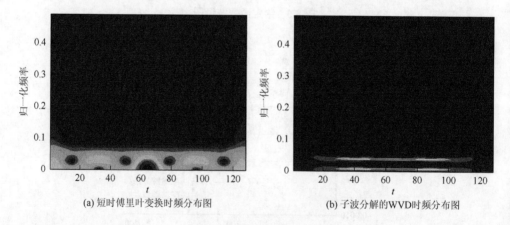

(a) 短时傅里叶变换时频分布图　　　　　　　　(b) 子波分解的WVD时频分布图

图 8.9　合成信号时频分布图

由图 8.9 可知，该方法较好地实现了信号瞬时时频特性提取，两种频率区分较为明显；由于此方法没有窗函数，其分辨率精度明显优于短时傅里叶变换。

在此基础上加入两个同频率的 Gabor 原子，再进行信号的时频特性提取，结果如图 8.10 所示。由图 8.10 可知，加入 Gabor 原子后，该方法仍能很好地提取信号的瞬时时频特性。

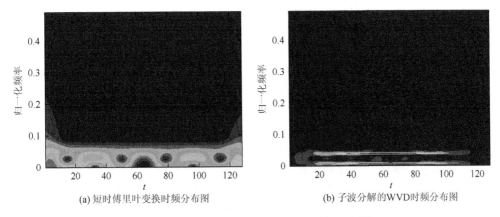

(a) 短时傅里叶变换时频分布图　　　　　　　(b) 子波分解的WVD时频分布图

图 8.10　带 Gabor 原子的合成信号时频分布图

8.2.4　改进匹配追踪算法应用实例

　　为进一步说明改进匹配追踪算法在实际爆破地震波信号分析中的应用，对南通市海安县境内三维地震勘探的实测数据进行分析。由于地震勘探工区居民设施密集，在地震勘探前进行了爆破地震波振动测试实验，爆破测震仪采用 TC-4850 型爆破测震仪。测试地点为工地营区，因工地营区大部分为村民民房，因此测点分别布置在大队营房的一层。现场共进行了 4 炮测试实验，每炮装药为 1kg，分别距离测点为 38m、78m、102m 和 112m。图 8.11 为爆破振动实验现场监测图。

图 8.11　爆破振动实验现场监测图

　　以第 2 炮监测情况为例，利用改进匹配追踪算法提取第 2 炮数据时频特性。实测爆破地震波信号如图 8.12 所示。

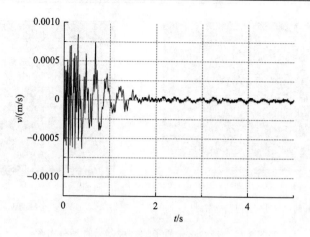

图 8.12　实测爆破地震波信号

对监测信号进行基于复数信号的匹配追踪分解，分解效果图如图 8.13 所示。

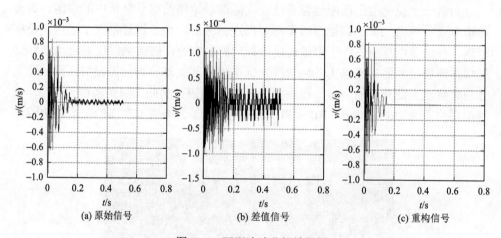

(a) 原始信号　　　　　　　　(b) 差值信号　　　　　　　　(c) 重构信号

图 8.13　匹配追踪分解效果图

由图 8.14 可知差值信号已低于原始信号一个数量级，2s 后的原始信号的波动应为噪声，重建信号很好地达到了降噪的效果，表明匹配追踪分解结果较为理想。分别对监测信号进行短时傅里叶变换和计算子波分解的 WVD，结果如图 8.14 所示。

由图 8.14 可以看出，短时傅里叶变换获取的爆破地震波信号分辨率很低，而子波分解能很好地提取地震波信号时频特性，可以看到此地震波信号能量主要集中在 10～30Hz 的频带上，区分度较高，为进一步的爆破地震波分析提供了支撑。

分别计算不同起爆点起爆的爆破地震波子波分解的 WVD，得到各爆破地震波时频特性如图 8.15 所示。

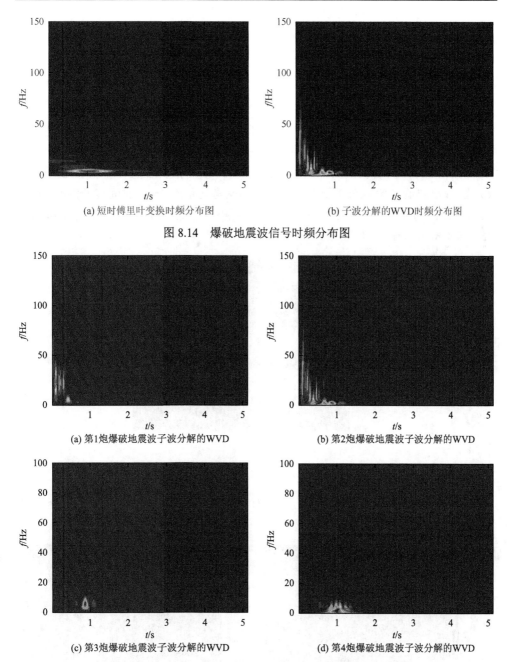

(a) 短时傅里叶变换时频分布图　　　　　　(b) 子波分解的WVD时频分布图

图 8.14　爆破地震波信号时频分布图

(a) 第1炮爆破地震波子波分解的WVD　　　　(b) 第2炮爆破地震波子波分解的WVD

(c) 第3炮爆破地震波子波分解的WVD　　　　(d) 第4炮爆破地震波子波分解的WVD

图 8.15　各起爆点爆破地震波子波分解的 WVD 时频分布图

由图 8.15 可知爆破地震波能量多集中在 100Hz 以内的低频成分，随着传播距离的增大，爆破地震波高频分量迅速衰减。改进的匹配追踪算法能较好地提取较高分辨率的爆破地震波的时频分布，为进一步的爆破地震波特性研究提供了支撑。

8.3　匹配追踪算法对爆破地震波分辨率提升的影响

8.3.1　数值模拟

为了进一步考察匹配追踪算法在处理实际地震勘探地震信号时对爆破地震波分辨率提升的影响，拟采用数值模拟方法进行研究。

采用均匀介质层状模型，大小为 500m×500m，震源位置为模型表面（0m，250m），检波器均匀地布置于地表面。空间网格间距为 1m，时间步长为 0.1ms，采用复合雷克子波，周边采用摩尔吸收边界条件。三层介质速度依次为 2000m/s、2500m/s 和 3000m/s，如图 8.16 所示。

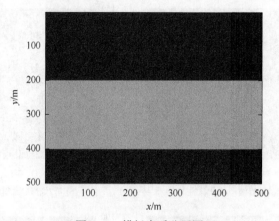

图 8.16　模拟介质分层图

对模型利用 2 阶精度的差分方法进行求解，图 8.17 为差分计算模拟的地震波传播不同时刻的快照图。

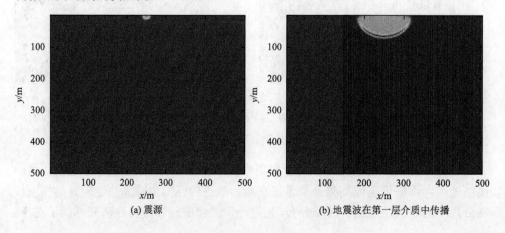

(a) 震源　　　　　　　　　　　　　　　(b) 地震波在第一层介质中传播

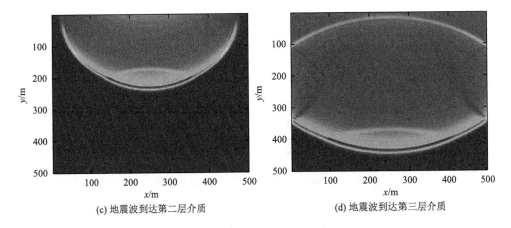

(c) 地震波到达第二层介质　　　　　　　　(d) 地震波到达第三层介质

图 8.17　差分计算模拟的地震波传播不同时刻的快照图

图 8.18 为地震波传播 2048ms 时的原始地震记录合成图。从图 8.17 中可以看到中间地质层的地震记录较为模糊。

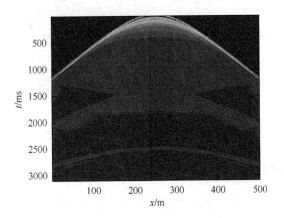

图 8.18　原始地震记录合成图

分别利用改进匹配追踪算法和短时傅里叶变换算法分析模拟的地震信号,得到地震信号时频分析如图 8.19 所示,由图可见,改进匹配追踪算法能更有效地区分信号时频信息。

图 8.20 为将接收的各道信号进行改进匹配追踪算法处理后,合成得到新的地震记录,可以看到中间分层凝聚性更好,更能清晰辨认,故利用改进匹配追踪算法对爆破地震信号进行处理能有效地提高爆破地震波的分辨率。

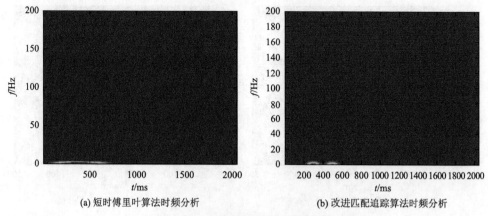

(a) 短时傅里叶算法时频分析　　　　　　(b) 改进匹配追踪算法时频分析

图 8.19　地震信号时频分析

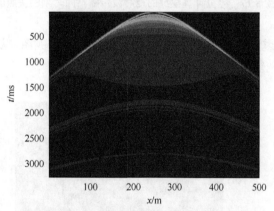

图 8.20　改进匹配追踪算法处理后的地震记录

8.3.2　算法应用实例

进行同等药量不同药径的震源激发实验，再基于改进匹配追踪算法对地震波进行精细的频谱分析。选取距离震源最近的第一道检波器接收到的地震信号，其时程曲线如图 8.21 所示。横坐标为时间采样点数，纵坐标为能量幅值。

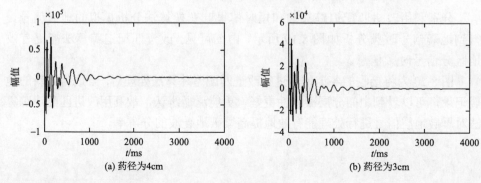

(a) 药径为4cm　　　　　　　　　　　　(b) 药径为3cm

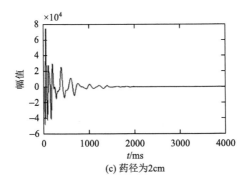

图 8.21　不同药径震源激发地震波时程曲线

可以看到，大药径的震源激发的地震波信号具有更大的振动幅值。利用式（8.7）分别对 3 种药径震源激发的地震波信号进行时频分析，地震波信号采样率为 8000Hz，得到不同药径震源激发地震波的时频分布，如图 8.22 所示。

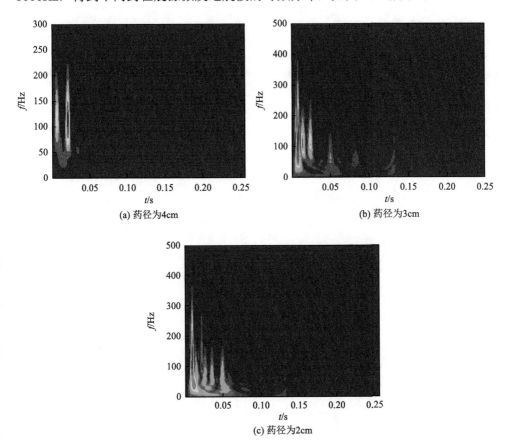

图 8.22　不同药径震源激发地震波的时频分布

从图 8.22 中可以看到，不同药径激发的爆破地震波信号虽然主频都在 100Hz 左右，但是小药径震源激发的地震波频谱信息更丰富，频带更宽，更有利于爆破地震波分辨率的提升。利用改进匹配追踪算法对地震勘探接收到的爆破地震波进行处理，可以得到爆破地震波更精细的频谱信息，有利于提升爆破地震波的分辨率。在实际地震勘探中，可利用改进匹配追踪算法对接收到的爆破地震波信号进行处理，提取其时频信息，从而提升爆破地震波的分辨率。

第9章 爆破地震波信号二次型时频分析方法

对于随时间变化的非平稳信号，为了得到信号频谱随时间变化的局部特性，使用时间和频率的联合函数来表示信号是非常必要的，这种联合分析方法称为信号的时频分析或联合时频分析。

习惯上将时频表示方法分为两类：线性的和二次型的。线性方法建立了时域和频域联合之间的联系，提供了将信号从一维的时间域变换到二维的时间和频率平面上去分析其局部时频特性的手段，线性方法的典型是短时傅里叶变换、Gabor扩展和小波变换，这些方法有的采用基于分析信号和具有时频局部特性的基本分析来实现，有的采用综合函数之间的内积或扩展来实现。二次型或双线性方法建立了信号的时频分布函数，提供了在时频平面上描述信号时变功率谱的工具，其典型是Cohen类，而Cohen类二次型时频分布都与WVD密切相关，它们采用对信号的双线性乘积进行核函数加权平均来实现，这些方法本质上都是非参数型的，各有优缺点。

线性时频表示的实质是将信号分解成在时间域和频率域均集中的基本成分的加权和。线性时频表示方法虽然计算简单，且无交叉项干扰，但是受不确定性原理的约束，信号的时频分辨率受到一定的限制。因此，描述时间-频率能量分布（即瞬时功率谱密度）时，能量本身就是一种二次型表示，二次型表示是一种更加直观、合理的信号表示方法。

9.1 时频分布基本理论

9.1.1 瞬时频率和群延迟

在进行时频分析之前，往往需要利用Hilbert变换将实信号 $s(t)$ 转变为复信号 $z(t)$，$z(t)$ 的优点在于它剔除了实信号中的负频率成分，同时还不会造成任何信息损失，也不会带来虚假信息。假设 $s(t)$ 是一个实的非平稳信号，则其解析信号 $z(t)$ 定义为

$$z(t) = s(t) + jH[s(t)] \tag{9.1}$$

式中，$H[s(t)]$ 是 $s(t)$ 的 Hilbert 变换。

对一个具有有限能量的复信号 $z(t) = A(t)\mathrm{e}^{\mathrm{j}\phi(t)}$，其瞬时频率的定义为相位函数对时间的导数：

$$f_i(t) = \frac{1}{2\pi} \frac{\mathrm{d}\phi(t)}{\mathrm{d}t} \tag{9.2}$$

与时域信号 $z(t)$ 的瞬时频率相对应，频域信号 $Z(f)$ 的群延迟 $\tau_g(f)$ 也是一个重要的瞬时参数，它表示 $Z(f)$ 频率 f 的各个分量的延迟：

$$\tau_g(f) = -\frac{1}{2\pi} \frac{\mathrm{d}\arg Z(f)}{\mathrm{d}t} \tag{9.3}$$

离散信号 $z(n)$ 的群延迟定义为

$$g(k) = \frac{1}{4\pi} [\arg Z(k+1) - \arg Z(k-1)] \tag{9.4}$$

9.1.2　不确定性原理

令 $z(t)$ 是一个具有有限能量的零均值复信号，$z(t)$ 的有限时宽 $T = \Delta t$ 和有限带宽 $B = \Delta f$ 的定义为

$$T^2 = (\Delta t)^2 = \frac{\int_{-\infty}^{+\infty} t^2 \, |z(t)|^2 \, \mathrm{d}t}{\int_{-\infty}^{+\infty} |z(t)|^2 \, \mathrm{d}t} \tag{9.5}$$

$$B^2 = (\Delta f)^2 = \frac{\int_{-\infty}^{+\infty} f^2 \, |Z(f)|^2 \, \mathrm{d}f}{\int_{-\infty}^{+\infty} |Z(f)|^2 \, \mathrm{d}f} \tag{9.6}$$

不确定性原理准确描述了一个信号的时宽和带宽之间的关系，即对于有限能量的任意信号，其时宽和带宽的乘积总是满足：

$$TB = \Delta t \Delta f \geqslant \frac{1}{4\pi} \tag{9.7}$$

不确定性原理也称为测不准原理或 Heisenberg 不等式。式（9.7）中的 Δt、Δf 分别称为时间分辨率和频率分辨率，它们表示的是两时间点和两频率点之间的区分能力。

在非平稳信号处理中，窗函数常常起着关键的作用。所加窗函数能否正确反映信号的时频特性（即窗函数是否具有高的时间分辨率和频率分辨率），这与待分析的信号的非平稳特性有关。不确定性原理的重要意义：既有任意小的时宽又有任意小的带宽的窗函数是根本不存在的。

9.1.3　时频分布的基本性质

时频分析的基本任务是建立一个函数，要求这个函数不仅能够同时用时间和频率描述信号的能量密度，还能够以同样的方式来计算任何密度。对于任何一种有实际用途的非平稳信号分析，通常要求时频分布具有表示信号能量分布的特性。因此，希望时频分布满足以下的一些基本性质。

性质 1：时频分布必须是实的，作为能量密度的表示，时频分布不仅应该是实数，而且应当是非负的。

性质 2：时频分布关于时间 t 和频率 f 的积分应该是信号的总能量。

$$E = \int_{-\infty}^{+\infty} \int_{-\infty}^{+\infty} P(t,f) \mathrm{d}t \mathrm{d}f \tag{9.8}$$

性质 3：边缘特性。

$$\int_{-\infty}^{+\infty} P(t,f) \mathrm{d}t = |Z(f)|^2 \tag{9.9}$$

$$\int_{-\infty}^{+\infty} P(t,f) \mathrm{d}f = |z(t)|^2 \tag{9.10}$$

即时频分布关于时间 t 和频率 f 的积分分别给出信号在频率 f 的谱密度和信号在时间 t 的瞬时功率。

性质 4：时频分布的一阶矩给出信号的瞬时频率 $f_i(t)$ 和群延迟 $\tau_g(t)$。即

$$f_i(t) = \frac{\int_{-\infty}^{+\infty} f \cdot P(t,f) \mathrm{d}f}{\int_{-\infty}^{+\infty} P(t,f) \mathrm{d}f} \tag{9.11}$$

$$\tau_g(t) = \frac{\int_{-\infty}^{+\infty} t \cdot P(t,f) \mathrm{d}t}{\int_{-\infty}^{+\infty} P(t,f) \mathrm{d}t} \tag{9.12}$$

性质 5：有限支撑特性。时频分布的有限支撑特性包括有限时间支撑和有限频率支撑。

有限时间支撑：

$$z(t) = 0(|t| > t_0) \Rightarrow P(t,f) = 0(|t| > t_0) \tag{9.13}$$

有限频率支撑：

$$Z(f) = 0(|f| > f_0) \Rightarrow P(t,f) = 0(|f| > f_0) \tag{9.14}$$

有限支撑特性是从能量角度对时频分布提出的一个基本性质。在信号处理中，作为工程上的近似，往往要求信号具有有限的时宽和有限的带宽。如果信号 $z(t)$ 只在某个时间区间取非零值，并且信号的频谱 $Z(f)$ 也只是某个频率区间取非零值，称信号 $z(t)$ 及其频谱是有限支撑的。类似地，如果在 $z(t)$ 和 $Z(f)$ 总支撑以外，信号的时频分布等于零，就称时频分布是有限支撑的。

9.2　二次型时频分布

9.2.1　WVD 及性质

WVD 是一种常用的时频分布，它是分析非平稳时变信号的重要工具。WVD

的重要特点之一是具有明确的物理意义，它可被看作信号能量在时域和频域中的分布。1932 年 Wigner 提出了 Wigner 分布，最初应用于量子力学的研究。1948 年，Ville 将 Wigner 分布引入信号分析领域。

信号 $s(t)$ 的 WVD 定义如下：

$$W_z(t,f) = \int_{-\infty}^{+\infty} z\left(t + \frac{\tau}{2}\right) z^*\left(t - \frac{\tau}{2}\right) e^{-j2\pi\tau f} d\tau \tag{9.15}$$

式中，$z(t)$ 是 $s(t)$ 的解析信号。WVD 可以用解析信号的频谱表示：

$$W_z(t,f) = \int_{-\infty}^{+\infty} Z^*\left(f + \frac{v}{2}\right) Z\left(f - \frac{v}{2}\right) e^{j2\pi tv} dv \tag{9.16}$$

WVD 具有如下性质。

（1）$W_z(t,f)$ 对所有的 t 和 f 值是实的。

（2）$W_z(t,f)$ 具有时移不变性：

$$\tilde{z}(t) = z(t - t_0) \Rightarrow W_{\tilde{z}}(t,f) = W_z(t - t_0, f) \tag{9.17}$$

（3）$W_z(t,f)$ 具有频移不变性：

$$\tilde{z}(t) = z(t) e^{j2\pi f_0 t} \Rightarrow W_{\tilde{z}}(t,f) = W_z(t, f - f_0) \tag{9.18}$$

（4）$W_z(t,f)$ 满足时间边缘特性：

$$\int_{-\infty}^{+\infty} W_z(t,f) df = |z(t)|^2 \tag{9.19}$$

（5）$W_z(t,f)$ 具有频率边缘特性：

$$\int_{-\infty}^{+\infty} W_z(t,f) df = |Z(f)|^2 \tag{9.20}$$

9.2.2　Cohen 类时频分布

WVD 变换是信号双线性变换的 Fourier 变换，在许多领域得到了广泛的应用。对 WVD 变换进行一定的修改，可以得到一系列其他的时频表示。在 20 世纪 60 年代中期，Cohen 将众多的时频分布统一归纳为一个形式，习惯称为 Cohen 类时频分布，其表达式为

$$P(t,f) = \int_{-\infty}^{+\infty}\int_{-\infty}^{+\infty}\int_{-\infty}^{+\infty} z\left(u + \frac{\tau}{2}\right) z^*\left(u - \frac{\tau}{2}\right) \phi(\tau,v) e^{-j2\pi(tv + \tau f - uv)} du dv d\tau \tag{9.21}$$

式中，$\phi(\tau,v)$ 为核函数。在 Cohen 类时频分布中，不同的时频分布只是对 WVD 加上不同的核函数而已，而对于时频分布各种性质的要求则反映在对核函数的约束条件上，核函数确定了分布及其特性。

9.2.3　交叉项问题

虽然 WVD 具有好的时频聚集性，但是它本质上是一种双线性时频变换，对于多分量信号的 WVD 存在严重的交叉项，产生虚假信号。特别是当信号中有两个以上的分量时，每一对分量之间都有交叉项干扰。

例如，$x_1(t)$、$x_2(t)$ 是两个信号，c_1、c_2 是两个复数系数，$z(t) = c_1 x_1(t) + c_2 x_2(t)$，那么 $z(t)$ 的 Cohen 类时频表示为

$$P_z(t,f) = |c_1|^2 P_{x_1}(t,f) + |c_2|^2 P_{x_2}(t,f) + c_1 c_2^* P_{x_1,x_2}(t,f) + c_1^* c_2 P_{x_1,x_2}(t,f) \quad (9.22)$$

式（9.22）中等号右边前面两项称作信号项，后面两项称作交叉项。交叉项通常是振荡的，它对于信号的能量并无贡献，信号的能量完全包含在前两项中，可是交叉项却会使时频平面变得模糊不清。这是 WVD 的一个很大缺陷，因此必须加以抑制改善。

交叉项与时频分布的有限支撑特性密切相关，交叉项的抑制可以通过核函数的设计来实现。由于信号项通常位于原点附近，而交叉项离原点比较远，所以核函数尽可能地在二维平面上表现出低通特性。常用的 WVD 有以下几种。

（1）伪 WVD（pseudo Wigner-Ville distribution，PWD）。

$$\mathrm{PWD}_z(t,f) = \int_{-\infty}^{+\infty} z\left(t+\frac{\tau}{2}\right) z^*\left(t-\frac{\tau}{2}\right) h(\tau) \mathrm{e}^{-\mathrm{j}2\pi\tau f}\, \mathrm{d}\tau = W_z(t,f) \overset{f}{*} H(f) \quad (9.23)$$

式中，$h(\tau)$ 为窗函数，为典型的有指数函数。

（2）平滑 WVD（smoothed Wigner-Ville distribution，SWD）。

$$\mathrm{SWD}_z(t,f) = W_z(t,f) \overset{t,f}{**} G(t,f) \quad (9.24)$$

式中，$\overset{t,f}{**}$ 为对时间和频率的二维卷积；$G(t,f)$ 为平滑滤波器。

（3）平滑伪 WVD（smoothed pseudo Wigner-Ville distribution，SPWD）

$$\mathrm{SPWD}_z(t,f) = \int_{-\infty}^{+\infty} z\left(t-u+\frac{\tau}{2}\right) z^*\left(t-u-\frac{\tau}{2}\right) g(u) h(\tau) \mathrm{e}^{-\mathrm{j}2\pi\tau f}\, \mathrm{d}\tau \quad (9.25)$$

式中，$g(u)$、$h(\tau)$ 为窗函数，且 $h(0) = G(0) = 1$。

抑制或削弱交叉项的方法除了通过核函数设计来实现，还有自适应信号扩展方法、几种时频分析相结合的方法和基于信号分解的方法，各种方法都有其优缺点，关键是要适合所分析的信号类型。

9.2.4　时频分布的重排

除了核函数，时频分布的重排方法作为平滑手段的一种补充，通过对信号进

行重排，可以提高信号分量的时频聚集性，同时减小交叉项。时频分布的重排方法是抑制交叉项的一种有效方法。

时频分布重排的最初目的是改善频谱图的效果。频谱图可以看作信号的 WVD 和分析窗的 WVD 之间的二维卷积，即

$$S_x(t,f) = \int_{-\infty}^{+\infty}\int_{-\infty}^{+\infty} W_x(s,\xi)W_h(t-s,f-\xi)\mathrm{d}s\mathrm{d}\xi \tag{9.26}$$

式中，h 为窗函数；W_h 为 h 的 WVD。

上述定义的分布以时间和频率分辨率为代价，降低了信号 WVD 的交叉项。但是 $W_h(t-s,f-\xi)$ 在点 (t,f) 附近构成了一个时频域，在这个区域中对信号的 WVD 值进行了加权平均。由于无法证明这些值对称分布于邻域的几何中心 (t,f) 周围，因此可以设想平均值不应该分布在该点，而应该在该邻域的中心上，更能代表信号的局部能量分布。

将频谱图在任何点 (t,f) 处计算的值转换到另一点 $(\hat{t},\hat{f})$，该点是信号围绕点 (t,f) 的能量分布的重心，即

$$\hat{t} = \frac{\displaystyle\int_{-\infty}^{+\infty}\int_{-\infty}^{+\infty} sW_h(t-s,f-\xi)W_x(s,\xi)\mathrm{d}s\mathrm{d}\xi}{\displaystyle\int_{-\infty}^{+\infty}\int_{-\infty}^{+\infty} W_h(t-s,f-\xi)W_x(s,\xi)\mathrm{d}s\mathrm{d}\xi} \tag{9.27}$$

$$\hat{f} = \frac{\displaystyle\int_{-\infty}^{+\infty}\int_{-\infty}^{+\infty} \xi W_h(t-s,f-\xi)W_x(s,\xi)\mathrm{d}s\mathrm{d}\xi}{\displaystyle\int_{-\infty}^{+\infty}\int_{-\infty}^{+\infty} W_h(t-s,f-\xi)W_x(s,\xi)\mathrm{d}s\mathrm{d}\xi} \tag{9.28}$$

这样得到重排的频谱图，它在任意点 (t',f') 处的值等于重排到该点的所有谱图值的和，即

$$S_x^{(r)}(t',f') = \int_{-\infty}^{+\infty}\int_{-\infty}^{+\infty} S_x(t,f)\delta(t'-\hat{t})\delta(f'-\hat{f})\mathrm{d}t\mathrm{d}f \tag{9.29}$$

重排原理的关键在于这些值不必以 (t,f) 作为时频域的几何中心而对称分布。因此加权平均不应该位于点 (t,f)，而应该位于时频域的重心，这样更能表示信号的局部能量。

重排原理可以直接用于 Cohen 类分布。Cohen 类时频分布可以看成 WVD 的二维卷积，即

$$C_x(t,f;\phi) = \int_{-\infty}^{+\infty}\int_{-\infty}^{+\infty} \phi(t-s,f-\xi)W_x(s,\xi)\mathrm{d}s\mathrm{d}\xi \tag{9.30}$$

核函数 ϕ 定义了 Cohen 类时频分布的重排方法，即

$$\hat{t} = \frac{\displaystyle\int_{-\infty}^{+\infty}\int_{-\infty}^{+\infty} s\phi_h(t-s,f-\xi)W_x(s,\xi)\mathrm{d}s\mathrm{d}\xi}{\displaystyle\int_{-\infty}^{+\infty}\int_{-\infty}^{+\infty} \phi_h(t-s,f-\xi)W_x(s,\xi)\mathrm{d}s\mathrm{d}\xi} \tag{9.31}$$

$$\hat{f} = \frac{\int_{-\infty}^{+\infty}\int_{-\infty}^{+\infty}\xi\phi_h(t-s,f-\xi)W_x(s,\xi)\mathrm{d}s\mathrm{d}\xi}{\int_{-\infty}^{+\infty}\int_{-\infty}^{+\infty}\phi_h(t-s,f-\xi)W_x(s,\xi)\mathrm{d}s\mathrm{d}\xi} \qquad (9.32)$$

$$C_x^{(r)}(t',f';\phi) = \int_{-\infty}^{+\infty}\int_{-\infty}^{+\infty}C_x(t,f;\phi)\delta(t'-\hat{t})\delta(f'-\hat{f})\mathrm{d}t\mathrm{d}f \qquad (9.33)$$

选择合适的平滑核，重排后的分布能够将相干项的抑制与信号时频聚集性的提高有效地结合起来。重排时频分布不再满足双线性，但仍然保持了时频平移不变性和能量守恒性。

9.3 算法应用实例

9.3.1 爆破振动信号的二次型时频分布

图 9.1 为爆破振动波形图。图 9.2 为图 9.1 爆破振动信号的 STFT 功率谱图和时频图。功率谱图不包含任何时域上的信息，只能反映频域上的信息。STFT 是一种线性能量的时间-频率的联合分布，能显示一定的时频信息，但是 STFT 受自身性质的影响，其聚集性不高，无法显示出每次爆破冲击的能量细节。因此作为线性时频分布的 STFT 不适合类似爆破振动信号的时频分析。

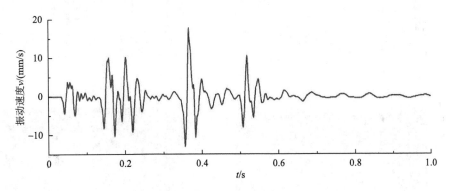

图 9.1 爆破振动波形图

图 9.3 是图 9.1 爆破振动信号的几种典型的二次型时频分布图，分别为 WVD、伪 WVD、平滑伪 WVD、重排平滑伪 WVD。

图 9.3（a）中，虽然信号的能量在时域平面内被局部化了，但是 WVD 的双线性产生了交叉项，甚至有些交叉项的幅值超过了信号项的幅值，以至于能量分布非常混乱，甚至有些没有能量的地方也出现了能量信号。这主要是因为 WVD

的核函数为 1，不管两个分量之间的时频距离多大，交叉项都不会消失。因此 WVD 不适合爆破振动信号的时频分析。

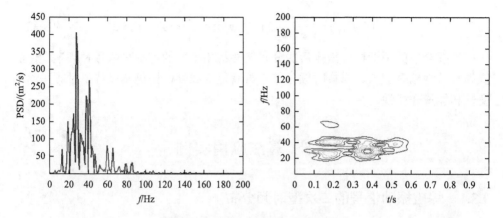

图 9.2　STFT 功率谱图和时频图

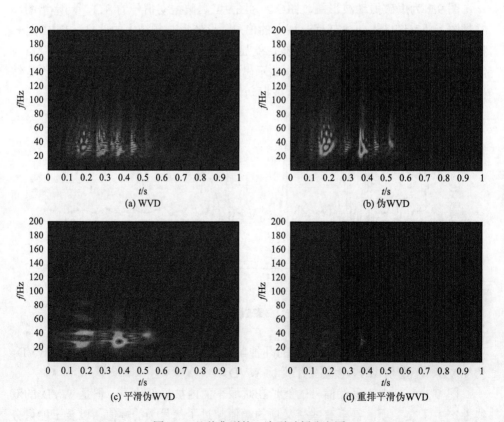

图 9.3　几种典型的二次型时频分布图

　　图 9.3 中的伪 WVD 仅在频率上对 WVD 进行了平滑,抑制了部分振荡的交叉项。但是交叉项对信号的影响仍然很大。

　　图 9.3 中的平滑伪 WVD 进行了时域平滑,有效地抑制了交叉项的影响,但信号时频分布的聚集性变差了,仅能大概看出信号的能量分布。由此说明平滑伪 WVD 的时频分布也不适合爆破振动信号。

　　图 9.3 中的重排平滑伪 WVD 有效地抑制了交叉项,同时重排后,将能量的平均值按照区域能量的重心进行重新分配,以此来减少信号分量的分散,提高时频局域性,信号的时频聚集性大大提高。因此重排平滑伪 WVD 适合非平稳的爆破振动信号的分析。

9.3.2　高程效应下爆破振动信号的二次型时频分布特点

　　图 9.4～图 9.6 为与图 9.1 时程曲线相对应的两个测点三个方向的爆破振动信号重排平滑伪 WVD 图(左图对应测点 1,右图对应测点 2)。

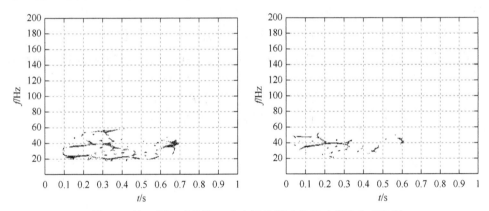

图 9.4　第一层爆破负挖 R 方向爆破振动信号时频分布对比图

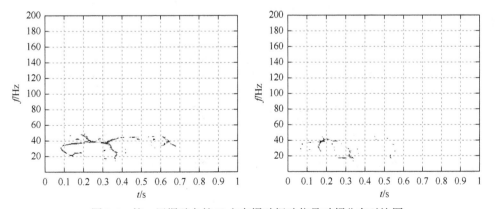

图 9.5　第一层爆破负挖 V 方向爆破振动信号时频分布对比图

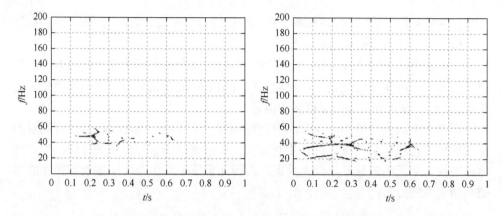

图 9.6　第一层爆破负挖 T 方向爆破振动信号时频分布对比图

　　分析第一层爆破负挖两个测点三个方向的时频分布图可以明显地看出用二次型时频分布对爆破振动信号进行时频分析非常直观。重排平滑伪 WVD 能够很好地显示爆破振动信号的主频信息，同时也能反映信号的全局时频分布。

　　图 9.4 中两测点的 R 方向主频相差不大，都在 40Hz 附近，但是很明显测点 2 中的高频成分较少。图 9.5 中的 V 方向与图 9.4 中的 R 方向情况大致相同，只是测点 2 在 20Hz 左右出现一个子频带。图 9.6 中的 T 方向测点 2 相对于测点 1 能量整体有向低频发展的趋势，且测点 2 的主频低于测点 1。

　　图 9.7～图 9.9 为与图 9.1 时程曲线相对应的两个测点三个方向的爆破振动信号重排平滑伪 WVD 图。

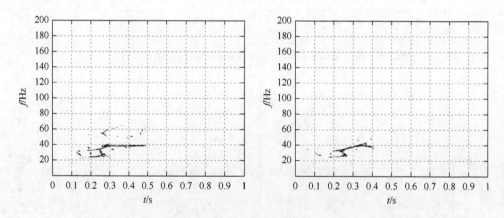

图 9.7　第二层爆破负挖 R 方向爆破振动信号时频分布对比图

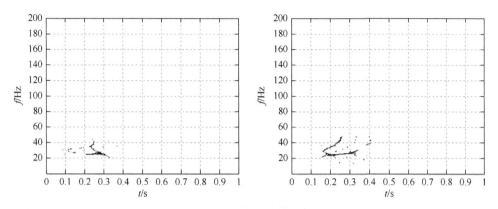

图 9.8 第二层爆破负挖 V 方向爆破振动信号时频分布对比图

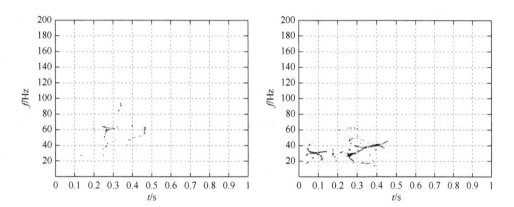

图 9.9 第二层爆破负挖 T 方向爆破振动信号时频分布对比图

　　第二层爆破负挖两个测点三个方向的情况与第一层大体一致。T 方向测点 2 向低频发展的趋势更明显，主频相差较大。R 方向测点 2 信号中 40～60Hz 的频率成分较测点 1 要少。V 方向测点 2 信号中 20Hz 以下的频率成分比测点 1 要多。这样相对来说测点 2 的 R 方向和 V 方向信号频率成分也有向低频发展的趋势。

参 考 文 献

[1] 张雪亮，黄树棠. 爆破地震效应[M]. 北京：地震出版社，1981.

[2] 杨年华. 爆破振动理论与测控技术[M]. 北京：中国铁道出版社，2014.

[3] 丁桦，郑哲敏. 爆破振动等效载荷模型[J]. 中国科学（E辑），2003，33（1）：82-90.

[4] 宋光明. 爆破振动小波包分析理论与应用研究[M]. 长沙：国防科技大学出版社，2008.

[5] 钟放庆，靳平，李孝兰，等. 地下爆炸地震波的数值模拟及震源函数的研究[J]. 爆炸与冲击，2001，21（1）：52-56.

[6] 韩子荣，张汉才. 爆破地震波双源传递理论及应用[C]. 全国第五届岩石破碎学术会论文选集，西安，1992.

[7] 李守巨. 柱状装药应力波衰减规律的模型试验研究[C]. 第二届全国岩石动力学学术会议，宜昌，1990.

[8] 杨仁华，李茂生. 岩土中应力波传播规律[C]. 第二届全国岩石动力学学术会议，宜昌，1990.

[9] 杨年华，冯叔瑜. 条形药包爆破作用机理[J]. 中国铁道科学，1995，16（2）：66-80.

[10] 陈士海，胡帅伟，初少凤. 微差时间及柱状装药特征对爆破振动效应影响研究[J]. 岩石力学与工程学报，2017，36（S2）：3974-3983.

[11] 郭学彬，张继春，刘泉. 爆破振动对顺层岩质边坡稳定性的影响[J]. 矿业研究与开发，2006，26（2）：77-80.

[12] 张继春. 三峡工程基岩爆破振动特性的试验研究[J]. 爆炸与冲击，2001，21（2）：131-137.

[13] Kennett B L N. Seismic Wave Propagation in Stratified Media[M]. Cambridge：Cambridge University Press，1983.

[14] Ziolkowski A M，Bokhorst K. Determination of the signature of a dynamite source using source scaling[J]. Geophysics，1993，58（8）：1174-1194.

[15] Newland D E. Wavelet analysis of vibration，part 1：Theory[J]. Journal of Vibration and Acoustics，1994，116（4）：409-416.

[16] Newland D E. Wavelet analysis of vibration，part 2：Wavelet maps[J]. Journal of Vibration and Acoustics，1994，116（4）：417-425.

[17] 张丹，张继春，焦永斌. 药包群同时起爆地震场中振动峰值研究及其在边坡开挖中的应用[J]. 爆炸与冲击，2007，27（1）：68-74.

[18] 宋光明，陈寿如，吴从师. 爆破振动信号分析小波基函数构造与应用[C]. 第七届工程爆破学术会议论文集，乌鲁木齐，2001：689-695.

[19] 徐全军，刘强，聂渝军，等. 爆破地震峰值预报神经网络研究[J]. 爆炸与冲击，1999，19（2）：133-138.

[20] 邓冰杰，王林峰，李振，等. 基于概率论的爆破振动傅里叶主频预测[J]. 振动与冲击，2021，

40（12）：46-54.

[21] 卢文波，张乐，周俊汝，等. 爆破振动频率衰减机制和衰减规律的理论分析[J]. 爆破，2013，30（2）：1-6.

[22] 娄建武，龙源，徐全军，等. 爆破地震信号分形维数计算的矩形盒模型[J]. 振动与冲击，2005，24（1）：81-84.

[23] 吴从师，徐荣文，张庆彬. 自由面对爆破振动信号能量分布特征的影响[J]. 爆炸与冲击，2017，37（6）：907-914.

[24] Kirkbride M，Worsey P，Rupert G. Vibration monitoring and control of blasting associated with the construction of a highway next to a show care[C]. Proceedings of the 23rd Annual Conference on Explosives and Blasting Technique，Las Vegas，1997：111-120.

[25] Mogi G，Hoshino T，Adachi T，et al. Consideration on local blast vibration control by delay[J]. Journal of the Japan Explosive Society，1999，60（5）：233-239.

[26] Cohen A，Daubechies I，Feruveau J C. Biorthogonal basis of compactly supported wavelets[J]. Communications on Pure and Applied Mathematics，1992，45：485-560.

[27] Mallat S G. 信号处理的小波导引[M]. 2 版. 杨力华，等译. 北京：机械工业出版社，2002.

[28] Mallat S G. A theory for multiresolution signal decomposition：The wavelet representation[J]. IEEE Transactions on Pattern Analysis and Machine Intelligence，1989，11（7）：674-693.

[29] 杨福生. 小波变换的工程分析与应用[M]. 北京：科学出版社，1999.

[30] 沈申生，华亮. 基于小波包分析的数字信号处理[J]. 传感器技术，2005，24（8）：25-30.

[31] 魏明果. 实用小波分析[M]. 北京：北京理工大学出版社，2005.

[32] 蒲武川，薛耀辉，张孟成. 高通滤波对近场脉冲型地震动位移反应谱的影响[J]. 振动与冲击，2020，39（13）：116-124.

[33] 崔锦泰. 小波分析导论[M]. 程正兴，译. 西安：西安交通大学出版社，1995.

[34] 李明，吴艳. 基于子波变换阈值决策的非稳信号去噪[J]. 信号处理，2000，16（2）：112-115，107.

[35] 王振国，汪恩华. 小波包相关阈值去噪[J]. 石油物探，2002，41（4）：400-405.

[36] 文建波，周进雄，张陵. 设计地震波的小波包多尺度调整[J]. 振动工程学报，2004，17（3）：341-343.

[37] Xiong Z X，Ramchandran K，Herley C，et al. Flexible tree-structured signal expansions using time-varing wavelet packets[J]. IEEE Transactions on Signal Processing，1997，45（2）：333-345.

[38] 赵明阶，叶晓明，吴德伦. 工程爆破振动信号分析中的小波方法[J]. 重庆交通学院学报，1999，18（3）：35-41.

[39] 何军，于亚伦，梁文基. 爆破振动信号的小波分析[J]. 岩土工程学报，1998，20（1）：47-50.

[40] Meyer Y. Orthonormal Wavelets[M]. Wavelets：Time-Frequency Methods and Phase Space. New York：Springer，1989：21-37.

[41] 谢异同. 小波分析方法在地震工程中的应用研究[D]. 西安：西安建筑科技大学，2002.

[42] 陆凡东，陈勇，方向，等. 基于 HHT 方法的石方爆破噪声特性分析[J]. 爆破器材，2007，36（2）：21-24.

[43] 林颖，常永贵，李文举，等. 基于一种新阈值函数的小波阈值去噪研究[J]. 噪声与振动控

制，2008，28（1）：79-81.

[44] 周春华，龙源，晏俊伟，等. 基于 WTMM 的爆破振动信号奇异性分析[J]. 振动与冲击，2007，26（1）：108-111.

[45] 周春华，龙源，蔡立艮，等. 基于多重分形的爆破振动信号奇异性分析[J]. 爆破器材，2006，35（4）：7-11.

[46] Maragos P. Fractal aspects of speech signals：Dimension and interpolation[C]. International Conference on Acoustics，Speech，and Signal Processing，Toronto，1991.

[47] 易文华，刘连生，闫雷，等. 基于 EMD 改进算法的爆破振动信号去噪[J]. 爆炸与冲击，2020，40（9）：77-87.

[48] 谢和平. 分形力学的数学基础[J]. 力学进展，1995，25（2）：174-185.

[49] 张朝晖，黄惟一. 振动波形的分形判别及特征提取[J]. 东南大学学报，1999，29（4）：6-10.

[50] Liu D Z，Zhao K，Zou H X，et al. Fractal analysis with application to seismological pattern recognition of under nuclear explosions[J]. Signal Processing，2000，80（9）：1849-1861.

[51] Panagiotopoulos P D. Fractal geometry in solids and structures[J]. International Journal of Solids and Structures，1992，29（17）：2159-2175.

[52] 杨军，王春艳，关新平，等. 具有连续变量的非线性偏差分方程的振动性[J]. 数学季刊（英文版），2006（4）：503-510.

[53] 贾光辉. 爆炸过程中有关应力波传播问题探讨[J]. 爆破，2001，18（1）：5-7.

[54] Kelly K R，Ward R W，Treitel S，et al. Synthetic seismograms: A finite-difference approach[J]. Geophysics，1976，41：2-27.

[55] 裴正林. 三维各向同性介质弹性波方程交错网格高阶有限差分法模拟[J]. 石油物探，2005，44（4）：308-315.

[56] 国胜兵，赵毅，赵跃党，等. 地下结构在竖向和水平地震荷载作用下的动力分析[J]. 地下空间，2002，22（4）：314-319.

[57] Daubechies I，Sweldens W. Factoring wavelet transforms into lifting steps[J]. Journal of Fourier Analysis and Applications，1998，4（3）：247-269.

[58] Donoho D L，Johnstone I M. Adapting to unknown smoothness via wavelet shrinkage[R]. Technical Report，Department of Statistics，Stanford University，1994.

[59] Donoho D L，Johnstone I M. Ideal spatial adaptation by wavelet shrinkage[J]. Biometrika，1994，81（3）：425-455.

[60] Xie Q M，Long Y，Zhong M S，et al. Blasting vibration signal comparative analysis based on wavelet and wavelet packet technology[C]. The 2nd Aisan-Pacific Symposium on Blasting Techniques，Dalian，2009：513-519.

[61] 曹建军. 基于提升小波包变换和改进蚁群算法的自行火炮在线诊断研究[D]. 石家庄：军械工程学院，2008.

[62] Mandelbrot B B. The Fractal Geometry of Nature[M]. New York：Freeman，1982.

[63] Falconer K. 分形几何——数学基础及其应用[M]. 曾文曲，刘世耀，戴连贵，等译. 沈阳：东北大学出版社，1991.

[64] 龙源，晏俊伟，娄建武，等. 基于分形理论的爆破地震信号盒维数研究[J]. 科技导报，2007，25（18）：27-31.

[65] Grassberger P. Generalized dimensions of strange attractors[J]. Physics Letters A, 1983, 97(6): 227-230.

[66] 高海霞. 多重分形的算法研究及应用[D]. 成都: 成都理工大学, 2004.

[67] 乐友喜, 王荣宗, 王才经. 多重分形特征参数的提取及应用[J]. 石油物探, 1997(S1): 89-93.

[68] 李新伟. 往复压缩机多重分形故障特征的提取与识别[D]. 大庆: 大庆石油学院, 2008.

[69] 李锰. 地貌与地震形变场分形与多重分形特征研究[D]. 北京: 中国地震局地球物理研究所, 2002.

[70] Muzy J F, Bacry E, Arneodo A. The multifractal formalism revisited with wavelets[J]. International Journal of Bifurcation and Chaos, 1994, 4(2): 245-302.

[71] 李钊, 马瑞恒, 王伟策, 等. 小波多重分形及其在岩石爆破振动信号分析中的应用[J]. 解放军理工大学学报, 2005, 6(2): 158-161.

[72] 谢全民, 龙源, 钟明寿, 等. 小波包与分形组合技术在爆破振动信号分析中的应用研究[J]. 振动与冲击, 2011, 30(1): 11-15.